# 变化环境下
# 干旱灾害风险评价
# 与综合应对

袁喆　杨志勇　于赢东　翁白莎　尹军　著

中国水利水电出版社
www.waterpub.com.cn
·北京·

## 内 容 提 要

本书系统梳理了干旱灾害风险评价及应对的国内外研究进展，以"自然-人工"二元水循环理论、自然灾害风险理论等相关理论为基础，初步提出了变化环境下干旱灾害风险评价与综合应对的理论技术与方法；并选取滦河流域作典型案例分析，利用原型观测、数值模拟和地理信息系统技术，从水循环的角度定量识别流域干旱及其风险；考虑不同未来气候变化情景，对未来干旱风险进行预估；以"流域海绵化"和"三次风险评价"为基础，构建风险应对方案集，提出最优方案并给出其效果，在旱灾风险评价与管理方面实现了创新。

本书可供水文水资源学科的科研人员、大学教师和相关专业的研究生，以及从事水利工程规划与管理专业的技术人员参考。

## 图书在版编目（ＣＩＰ）数据

变化环境下干旱灾害风险评价与综合应对 / 袁喆等著. -- 北京 ： 中国水利水电出版社，2017.12
ISBN 978-7-5170-6177-9

Ⅰ．①变… Ⅱ．①袁… Ⅲ．①旱灾－灾害防治－研究 Ⅳ．①P426.616

中国版本图书馆CIP数据核字(2017)第326260号

| 书　　名 | 变化环境下干旱灾害风险评价与综合应对 <br> BIANHUA HUANJING XIA GANHAN ZAIHAI FENGXIAN PINGJIA YU ZONGHE YINGDUI |
|---|---|
| 作　　者 | 袁喆　杨志勇　于赢东　翁白莎　尹军　著 |
| 出版发行 | 中国水利水电出版社 <br> （北京市海淀区玉渊潭南路 1 号 D 座　100038） <br> 网址：www.waterpub.com.cn <br> E-mail：sales@waterpub.com.cn <br> 电话：(010) 68367658（营销中心） |
| 经　　售 | 北京科水图书销售中心（零售） <br> 电话：(010) 88383994、63202643、68545874 <br> 全国各地新华书店和相关出版物销售网点 |
| 排　　版 | 中国水利水电出版社微机排版中心 |
| 印　　刷 | 北京市密东印刷有限公司 |
| 规　　格 | 170mm×240mm　16 开本　14 印张　268 千字　1 插页 |
| 版　　次 | 2017 年 12 月第 1 版　2017 年 12 月第 1 次印刷 |
| 印　　数 | 001—800 册 |
| 定　　价 | **56.00 元** |

# 序

　　受东南和西南季风的影响，我国气候的基本格局是南涝北旱。但由于不同年份，冬、夏季风进退的时间、强度和影响范围以及登陆台风次数的不同，我国降水量年内和年际变化均较大。这些自然禀赋从根本上决定了我国干旱频发和广发的基本背景。在以增温为主要特征的气候变化背景下，上世纪80年代以来，我国北方地区降水和河川径流均呈现减少的趋势，以海河流域为例，降水减少10%左右，河川径流减少40%～70%，地表水资源年减少40%左右。此外，大范围干旱等气候极端事件也呈现增加的趋势。另一方面，随着经济社会的快速发展，人类社会对水资源的需求量日益增加。在气候变化和人类活动的双重影响下，水资源短缺问题日益突出，制约工农业生产，威胁城乡居民生活用水安全，给生态环境带来明显影响，如河道断流、湖泊萎缩、生物多样性减少等。

　　干旱作为极端情景下的水循环过程，有其孕育和发展的自然规律。认识干旱发生机理及其变化的复杂性是旱灾管理的前提。在干旱应对方面，传统的危机管理模式缺乏以防为主的意识，仅将干旱作为一种突发性危机事件进行管控，难以满足变化环境下干旱综合应对的实践需求，需从"危机管理"向"风险管理"转变。《变化环境下干旱灾害风险评价与综合应对》一书从水资源系统的角度，综合考虑区域供水与需水特性，提出基于供需态势的干旱评价方法，在此基础上形成旱灾风险的评价技术；应用IPCC（联合国非政府间气候变化委员会）评估报告给出的未来气候变化情景，对未来旱灾风险进行评估，并结合风险因子的可调控特性，将社会经济系统的自适应性能与工程体系建设相结合，提出基于三次评价的干旱灾害风险调控思路，分层明晰风险应对的重点区域与重点环节以及区域可承受的干旱灾害风险；选取干旱事件频发的滦河流域为研究区，进行旱灾风险评价与综合应对的实例研究，对于增强区域应对干旱的能力，提升流域抗旱的管理水平，具有重要的意义。

作者作为主要技术人员参加了本人主持的"全球变化研究国家重大科学研究计划：气候变化对黄淮海地区水循环的影响机理和水资源安全评估"项目的研究工作，严登华教授主持了第二课题的研究。作者在系统总结前期成果的基础上，编著此书，对全球变化背景下的干旱问题和抗旱管理进行了比较系统的探讨。该书的出版发行，有利于国家的抗旱减灾工作，对我国综合应对气候变化将起到积极的作用。

是为序。

**"全球变化研究国家重大科学研究计划：气候变化对黄淮海地区水循环的影响机理和水资源安全评估"首席科学家**

中国工程院院士、南京水利科学研究院院长　　张建云

2017 年 12 月于南京

# 前　言

位于大陆季风气候区，加以三级阶梯地形条件，决定了我国干旱广发、频发的背景。在当前变化环境下，干旱问题愈演愈烈。一方面，气候变化导致干旱事件发生的频度、强度日趋增强；另一方面，社会经济发展导致干旱灾害的暴露性和脆弱性急剧增加。当前，气象灾害所造成的损失占所有自然灾害总损失的 71%，而在气象灾害中，53% 的损失是由旱灾所造成的。我国年均干旱受灾和成灾面积分别为 $21124.83 \times 10^3 \, hm^2$ 和 $9429.82 \times 10^3 \, hm^2$，分别占全国播种面积的 18.5% 和 8.3%；年均因干旱导致的粮食损失量达 162.3 亿 kg，占同期粮食产量的 4.7% 左右；年均因旱灾导致的饮水困难人口为 2707.7 万。由此可见，干旱灾害已成为我国社会经济发展和生态文明建设的关键障碍，也是气候变化和自然灾害应对的"主战场"。干旱灾害的致灾因子、承灾体和孕灾环境呈动态变化，具有多时空尺度和随机性的特征。同时，历史规律反映的是重现特性，未来发展情势不尽相同，不能完全指导未来风险应对，因此为满足下一步及未来社会经济发展与水安全保障需求，需要从风险视角系统回答干旱及旱灾的评价、预估和应对等实践需求问题。

发展气候变化背景下干旱及干旱灾害风险评价、预估应对理论与成套技术体系可为适应气候变化提供技术支撑。本书考虑水循环对农业、工业、生活、生态等用水单元供需水过程的影响，以及干旱及旱灾对这一影响的响应，提出流域/区域风险评价方法，并结合未来气候变化预估结果，梯次明晰干旱灾害风险应对的重点和整体风险应对方案，以及区域需承受的干旱灾害风险，可指导流域/区域干旱灾害风险应对措施的制定，在一定程度上可确保流域/区域社会经济的发展。全书共分为 8 章。第 1 章概述本书的研究背景和意义，综述干旱及干旱灾害风险评价、预估应对的现状与进展，阐述本书研究的目标、内容和技术路线。第2章阐述干旱灾害风险评价及应对的理论技术与框架。第3～5章以滦河流域为研究区，构建滦河流域干旱评价模型和旱灾风险评价模型，并对滦河流域现状干旱特征进行评价和分析。第6～7章对滦河流域未来气象水文的变化特征以及干旱风险变化特征进行预估，并针对未来旱灾风险提出滦河流域旱灾风险梯次应对的措施。第8章总结本书的主要研究成果，并对后续需进一步开展的工作进行展望。

本书的研究工作得到了国家重点基础研究发展计划（973 计划）项目（2010CB951102）、中国清洁发展机制基金（2014110）和"十三五"国家重点研发计划课题（2016YFC0402707）的共同资助。本书编写分工如下：第1章由长江科学院袁喆、中国水利水电科学研究院杨志勇执笔；第2章由中国水利水电科学研究院杨志勇、翁白莎和湖北大学尹军执笔；第3章由袁喆和翁白莎执笔；第4章由袁喆、西安科技大学史晓亮和中国水利水电科学研究院于赢东执笔；第5章由袁喆、杨志勇和于赢东执笔；第6章由袁喆、杨志勇和尹军执笔；第7章由杨志勇和于赢东执笔。全书由袁喆、杨志勇和于赢东统稿。

由于干旱的形成与发展本身存在复杂性，且本研究涉及现代水文学、水资源学、气象学、系统科学、复杂科学等多个学科，限于时间和水平，书中错误在所难免，敬请读者批评指正。

**作者**

2017 年于武汉

# 目　录

序

前言

第1章　绪论 …………………………………………………………………… 1

1.1　研究背景与意义 ………………………………………………………… 1

1.1.1　研究背景 ……………………………………………………………… 1

1.1.2　理论背景 ……………………………………………………………… 5

1.1.3　待解决的关键科学问题 ……………………………………………… 9

1.1.4　研究意义 ……………………………………………………………… 9

1.2　国内外研究动态与趋势 ………………………………………………… 10

1.2.1　干旱及干旱灾害风险评价研究进展 ………………………………… 10

1.2.2　气候模式的模拟能力评估及订正研究进展 ………………………… 14

1.2.3　干旱灾害风险应对研究进展 ………………………………………… 17

1.3　干旱评价与应对中存在的问题 ………………………………………… 19

1.4　研究内容与技术路线 …………………………………………………… 20

1.4.1　研究内容 ……………………………………………………………… 20

1.4.2　技术路线 ……………………………………………………………… 22

第2章　干旱灾害风险评价及应对的理论技术与框架 ……………………… 24

2.1　干旱灾害风险评价及应对的总体技术框架 …………………………… 24

2.2　干旱事件评价 …………………………………………………………… 25

2.3　干旱灾害风险评估 ……………………………………………………… 27

2.4　干旱灾害风险预估 ……………………………………………………… 29

2.5　干旱灾害风险综合应对 ………………………………………………… 31

第3章　研究区概况 …………………………………………………………… 33

3.1　自然地理 ………………………………………………………………… 33

3.1.1　地理位置 ……………………………………………………………… 33

3.1.2　地质地貌 ……………………………………………………………… 34

3.1.3　河流水系 ……………………………………………………………… 36

3.1.4　气候水文 ……………………………………………………………… 37

　　3.1.5　土壤植被 ……………………………………………… 46

　3.2　社会经济与水利工程 …………………………………… 48

　　3.2.1　行政分区 …………………………………………… 48

　　3.2.2　人口和社会经济发展情况 ………………………… 49

　　3.2.3　水利工程 …………………………………………… 51

　3.3　水资源现状与历史干旱事件 …………………………… 52

　　3.3.1　水资源量及供用水关系 …………………………… 52

　　3.3.2　历史干旱状况 ……………………………………… 54

　3.4　小结 ……………………………………………………… 56

**第4章　滦河流域供水量和需水量分析** …………………………… 57

　4.1　供水量和需水量计算总体思路 ………………………… 57

　4.2　SWAT 模型及其输入数据格式化处理 ………………… 58

　　4.2.1　SWAT 模型简介 …………………………………… 58

　　4.2.2　SWAT 模型数据库构建 …………………………… 62

　　4.2.3　气象数据库 ………………………………………… 68

　4.3　SWAT 模型参数率定及其在滦河流域的适用性评价 … 69

　　4.3.1　流域离散化 ………………………………………… 69

　　4.3.2　参数率定及模拟效果分析 ………………………… 69

　4.4　滦河流域农作物需水量估算 …………………………… 76

　　4.4.1　典型作物生育期划分 ……………………………… 77

　　4.4.2　典型站点作物生育期长度及需水量时间变化特征 … 78

　　4.4.3　流域尺度作物需水量时空变化特征 ……………… 88

　4.5　滦河流域林草植被生态需水估算 ……………………… 92

　　4.5.1　植被生态需水的概念及内涵 ……………………… 92

　　4.5.2　植被生态需水计算方法 …………………………… 93

　4.6　滦河流域城镇居民生活需水和工业需水估算 ………… 97

　4.7　小结 ……………………………………………………… 105

**第5章　滦河流域历史干旱灾害风险评价** ……………………… 106

　5.1　干旱灾害风险评价总体思路 …………………………… 106

　5.2　基于水资源供需关系的滦河流域干旱定量化评价 …… 107

　　5.2.1　干旱评价指标构建 ………………………………… 107

　　5.2.2　干旱变化特征及结果验证 ………………………… 110

　5.3　滦河流域干旱灾害风险评价 …………………………… 117

　　5.3.1　各作物生育期内干旱频率 ………………………… 117

    5.3.2   各等级干旱损失率 ································· 119

    5.3.3   作物产量价值量 ································· 123

    5.3.4   农业干旱灾害风险损失 ························· 126

  5.4   滦河流域干旱灾害风险变化 ····················· 130

    5.4.1   不同时段干旱灾害风险区变化 ················· 130

    5.4.2   土地利用/覆被变化对干旱灾害风险的影响 ······· 133

  5.5   小结 ····································· 135

**第 6 章   滦河流域未来干旱灾害风险预估** ············· 136

  6.1   未来干旱灾害风险预估总体思路 ················· 136

  6.2   未来排放情景和模式优选 ····················· 136

    6.2.1   气候情景及气候模式 ······················· 136

    6.2.2   模式评价及优选 ··························· 141

    6.2.3   气候模式对降水模拟效果评价及相对最优模式筛选 ··· 146

    6.2.4   气候模式对气温模拟效果评价及相对最优模式筛选 ··· 149

  6.3   滦河流域未来气象水文要素变化 ················· 152

    6.3.1   未来降水变化 ····························· 153

    6.3.2   未来气温变化 ····························· 154

    6.3.3   未来天然径流变化 ························· 157

  6.4   滦河流域未来干旱事件时空变化 ················· 162

    6.4.1   未来干旱笼罩面积变化 ····················· 162

    6.4.2   未来干旱频率变化 ························· 164

  6.5   滦河流域未来干旱灾害风险预估 ················· 165

    6.5.1   未来干旱灾害风险空间分布格局 ··············· 165

    6.5.2   未来干旱灾害风险相对历史干旱灾害风险变化 ····· 165

  6.6   小结 ····································· 171

**第 7 章   滦河流域干旱灾害风险应对** ··············· 172

  7.1   干旱灾害风险应对总体思路 ····················· 172

  7.2   滦河流域干旱的一次风险评价 ··················· 174

  7.3   滦河流域干旱的二次风险评价 ··················· 176

    7.3.1   方案设计 ······························· 176

    7.3.2   二次风险评价及效果评估 ··················· 176

  7.4   滦河流域干旱的三次风险评价 ··················· 186

    7.4.1   方案设计 ······························· 186

    7.4.2   三次风险评价及效果评价 ··················· 186

7.5　小结 ……………………………………………………………… 195

**第 8 章　结论与展望**……………………………………………………… 197

8.1　主要结论 …………………………………………………………… 197

8.2　研究展望 …………………………………………………………… 199

**参考文献** ……………………………………………………………………… 201

# 第1章 绪 论

## 1.1 研究背景与意义

### 1.1.1 研究背景

联合国政府间气候变化专门委员会（IPCC）第五次评估报告（AR5）表明，1880—2012 年，全球海陆表面平均温度上升了 0.85℃，而近 60 年的线性增温速率高达 0.12℃/10a（见图 1.1），约为 1880 年以来的两倍，且过去 30 年的增温

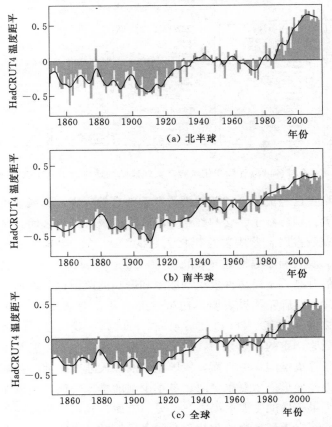

图 1.1　1880—2012 年全球陆地和海洋表面年平均温度距平序列（距平是相对 1961—1990 年平均值）（引自 http：//www. cru. uea. ac. uk/cru/data/temperature）

幅度高于 1850 年以来的任何时期（IPCC，2013；秦大河，2014）。随着气候变化影响的深入，水循环要素（如降水、蒸发、径流、土壤湿度等）发生了显著的改变，进而引发水资源在时间和空间上的重新分配，导致全球范围内极端水文事件呈现出广发和频发态势（张建云等，2009；李峰平等，2013）。在欧洲等地区，极端高温事件损失的影响在增加；亚洲等地区，干旱导致的水资源短缺和粮食减产问题日益凸显（见图 1.2）。

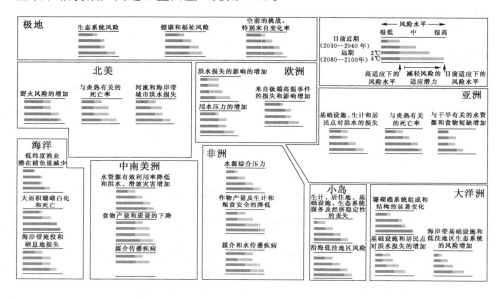

图 1.2　全球各区域气候变化风险和减轻风险的适应潜力（IPCC，2014）

目前，旱灾已经成为全球范围内最严重的自然灾害，其影响范围广，造成的经济损失大。国际红十字会和红新月联合会的统计结果表明，平均每年全球因旱灾死亡人数占因自然灾害总死亡人数的 59.8%，且旱灾多发于非洲、北美洲、东亚、澳大利亚等地区（Wilhite 和 Glantz，1985；郑远长，2000）。随着全球气温的升高，干旱事件发生的频率和影响的范围也在增加。国际大气研究中心（NCAR）研究结果表明，1970—2000 年，全球发生严重干旱的地区范围增长了 2 倍（IPCC，2001；Dai et al.，2004）。我国自古以来都属于受自然灾害影响最为严重的国家之一，且干旱问题尤为突出，主要是由我国独特的自然与气候条件决定的：一方面，我国位于欧亚大陆东南部、濒临太平洋，巨大的海陆热力差异形成了夏季多雨、冬季少雨的季风气候，季风在年际间的不稳定是我国干旱频发的主要原因之一；另一方面，我国地势西高东低，呈三级阶梯状分布，其中青藏高原的隆起是西北干旱气候形成的一个主要因素，太行山和燕山山脉在一定程度上导致华北地区干旱频发。我国学者对公元前 180 年至 1949 年期间自然灾害损失统计的数据表明，因干旱灾害死亡人数占全部因灾死亡人数的 40% 左右，位居首位（刘彤和闫天池，2011）。中国气象局的统计结果表明，气象灾害所造成的损失占所有自然灾害总损失 71%；而在气象灾害中，有 53% 的损失是由旱灾所造成的（陈云峰和高歌，2010）。《中国水旱灾害公报》和《全国抗旱规划》中的统计数据表明，近 60 年来，我国年均干旱受灾和成灾面积分别为 21124.83×10³ hm² 和 9429.82×10³ hm²，分别占全国播种面积的 18.5%（受灾率）和 8.3%（成灾率）；年均因干旱导致的粮食损失量达 162.3 亿 kg，占同期粮食产量的 4.7% 左右，相当于 1 亿人一年的口粮。近 20 年来，年均因旱灾导致饮水困难人口为 2707.7 万，相当于重庆市的总人口（见图 1.3）（全国抗旱规划编制工作组，2011；国家防汛抗旱总指挥部，2014）。

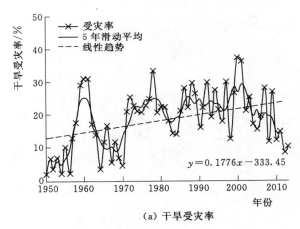

（a）干旱受灾率

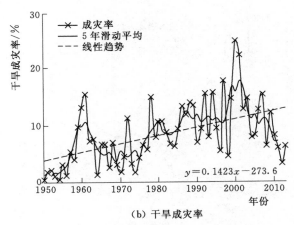

（b）干旱成灾率

图 1.3（一） 近 60 年来我国干旱及其影响

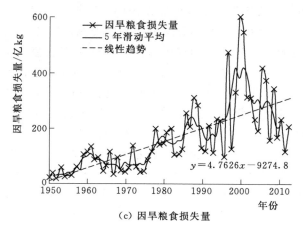

（c）因旱粮食损失量

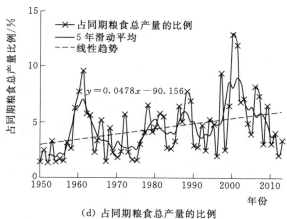

（d）占同期粮食总产量的比例

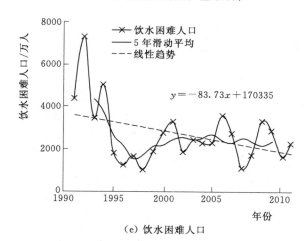

（e）饮水困难人口

图 1.3（二） 近 60 年来我国干旱及其影响

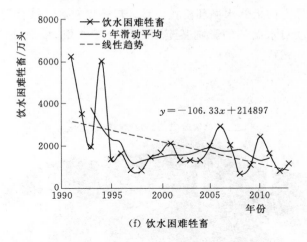

图 1.3（三）  近 60 年来我国干旱及其影响

目前，干旱灾害已成为我国社会经济发展和生态文明建设的关键障碍，也是气候变化和自然灾害应对的"主战场"。考虑到干旱灾害的致灾因子、承灾体和孕灾环境均在动态变化，且具有多时空尺度特征和随机性；同时历史规律与未来发展情势也不尽相同，历史规律反映的是重现特性，不能完全指导未来风险应对，因此为满足下一步及未来社会经济发展与水安全保障需求，需要从风险视角，系统回答"如何评价？过去怎么变？将来如何变？如何应对？"四大实践需求问题，在科学层面则需要解决"评价（度量）方法、历史演变分析，未来变化预估和风险应对"等理论与方法问题。

## 1.1.2  理论背景

### 1.1.2.1  "自然-人工"二元水循环理论

流域水循环即为降水径流形成过程，包括水分（循环系统的主体）、介质（循环系统的环境）和能量（循环系统的驱动力）等基本组成要素。在自然或人类活动影响可忽略的条件下，流域水循环过程仅在太阳能和大气运动驱动下进行，称之为"一元"流域水循环，主要有三类：①海陆间水循环——海洋与陆地上的水在自然营力下进行相互转化的运动，又可称为大循环。通过海陆间水循环，陆地上的水资源得到不断的补充。②内陆水循环——降落到陆地上的水，其中一部分通过蒸发蒸腾形成水汽，随气流带到上空。冷却凝结后形成降水，仍落回陆地上。③海上内循环——海洋面上的水蒸发成水汽，进入大气后在海洋上空冷却凝结后形成降水，仍落回海面（见图 1.4）。随着社会经济的发展和人类生产生活的需要，自然环境条件不断被人为改造，尤其是工业化时代以来，水循环过程受人类扰动日益增强，其运动规律和转化机制发生了深刻改变，打破了原有的天然水循环模式。在人口密度较高、社会经济发展迅速的地区，人类活动对水循环的影响甚至超过了自然作用力，水循环过程呈现出"自然-人工"二元特征。

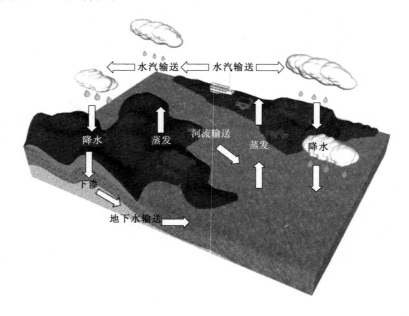

图 1.4　流域水循环结构示意图

流域"自然-人工"二元水循环具有四个"二元化"的特征（见图 1.5）：

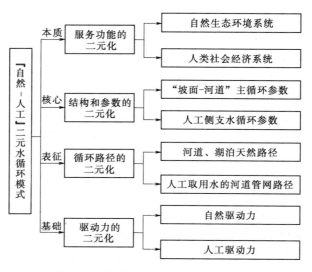

图 1.5　"自然-人工"二元水循环模式

①服务功能的二元化（本质）——同时支撑自然生态环境和人类社会经济两大系统。②结构和参数的二元化（核心）——水循环包括"大气—地表—土壤—地下"等环节的自然水循环过程和"取水—供水—用水—耗水—排水"等环节的社会水循环过程，因而，所涉及的参数不仅包括降水、径流、土壤水、地下水等基本水文要素参数，还包括供需水量、耗水量、回归量等刻画和描述社会水循环特征的参数。③路径的二元化（表征）——自然水循环的路径包括水汽传输、坡面汇流、河道、地下水径流、土壤水下渗等路径，人工水循环路径包括调水工程、人工渠道、城市管网等。④驱动力的二元化（基础）——自然水循环的驱动力主要包括太阳能、重力势能等，人工水循环的驱动力主要是指水利工程的修建改变水体自然状况下的能态分布。

### 1.1.2.2　自然灾害风险评估理论

干旱灾害风险的定义源于自然灾害风险的定义。美国国家干旱减灾中心（NDMC）的Wilhite（2000）认为：干旱灾害风险是干旱发生的概率和社会经济系统脆弱性综合作用的结果。因此，干旱灾害风险的本质体现为两种可能性：致灾因子（干旱）本身发生的可能性，即致灾因子风险，可用干旱频率来表示；致灾因子（干旱）对承灾体（社会经济系统）造成损失的可能性，即成灾风险，可用旱灾损失的概率来表示。依据灾害系统理论，干旱灾害风险的形成由致灾因子的危险性、孕灾环境的暴露度和承灾体的脆弱性三因素共同决定。其中，致灾因子为干旱事件，其发生频率、强度和影响范围会决定干旱灾害风险的强弱。但干旱事件的发生并不一定会导致旱灾，而是当干旱事件的影响达到某一程度时，才会造成损失。即干旱事件向干旱灾害转变的过程中存在一特定的阈值，超过这一阈值则形成旱灾，而这一阈值取决于承灾体自身的特性，部分学者将其称为"弹性"——承灾体一方面通过弹性决定干旱是否会导致旱灾（是否发生），另一方面通过弹性决定旱灾损失对于干旱频率、强度和影响范围的敏感性（程度如何）。承灾体弹性需通过孕灾环境暴露于干旱影响下才能予以体现，孕灾环境的这种特性称为暴露度。综上所述，干旱灾害风险是具有危险性的干旱事件作用于脆弱的承灾体，对承灾体造成损失的可能性，而不是干旱事件本身。

按照上述分析，干旱灾害风险的形成包括致灾因子的危险性、承灾体的暴露性和孕灾环境的脆弱性，此外，人类的抗旱能力强弱会影响到干旱的损失，因此，干旱灾害风险的组成为"危险性""暴露度""脆弱性"和"防灾减灾能力"四个要素（见图1.6）。其中，"危险性"是指干旱事件的主要特征的变化和异常程度，如干旱强度、历时和影响范围；"暴露度"是干旱向旱灾发展和形成过程中，承灾体受干旱事件影响的潜在范围，如耕地面积、人口、经济等（Turner et al.，2003）；"脆弱性"是承灾体所能承受的最大干旱程度，即缓

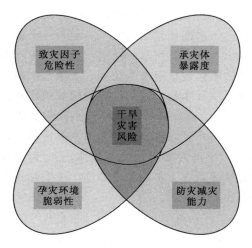

冲或者吸收不利影响的能力（郑菲等，2012）；"防灾减灾能力"是工程和非工程措施应对干旱的能力。干旱灾害风险具有自然和社会双重属性，一方面，气候条件的异常会导致干旱事件的发生，从而诱发干旱灾害；另一方面，耕地、GDP、人口的增加或者是应对干旱能力减弱也会导致干旱灾害的发生。前者主要表现为"危险性"的增加，后者主要表现为"暴露度"和"脆弱性"增加以及"抗旱能力"的降低。

图1.6 干旱灾害风险四要素

### 1.1.2.3 自然灾害应对理论

风险管理是自然灾害应对的发展趋势，即在灾害发生前制定预案，灾害发生时，在各阶段采取不同的防灾减灾措施。自然灾害风险管理主要由四部分组成（见图1.7）：①风险辨识——明确风险管理的对象、确定风险管理的目标，并在此基础上，识别风险源。同时，在前期收集基础资料，并建立数据库，为后续工作提供数据支撑。②风险

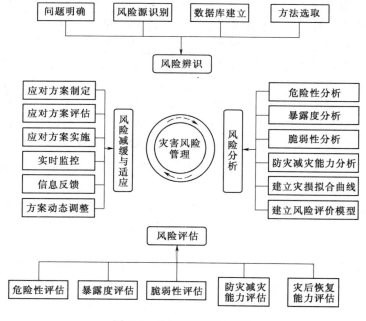

图1.7 自然灾害风险管理

分析——对"危险性""暴露度""脆弱性"和"防灾减灾能力"进行分析，并建立风险评价模型。③风险评估——对"危险性""暴露度""脆弱性""防灾减灾能力"以及后续恢复能力进行评估。④风险减缓与适应——在风险评估的基础上，制定减缓和适应风险的方案，并评估方案的可行性和科学性，在方案实施过程中，应进行实时监控和反馈，对原有方案进行动态调整。

### 1.1.3　待解决的关键科学问题

（1）关键科学问题之一：干旱灾害风险的评估及预估。干旱具有确定性和不确定性双重属性，需要结合干旱事件中长期演变规律，明晰致灾因子的危险性、孕灾环境的暴露度、承灾体的脆弱性和防灾减灾能力，对干旱灾害风险进行动态评价；干旱灾害风险的预估是其应对的前提，有利于风险的源头规避。因此，干旱灾害风险的科学评价和准确预估能指导干旱应对中的决策制定。

（2）关键科学问题之二：干旱灾害风险应对。干旱综合应对一方面需通过前期干旱灾害风险的预估进行源头规避，另一方面，也应在干旱发生时，采用过程统筹调控的方式减少干旱灾害造成的损失，即干旱灾害风险应对包含两层含义，其一在于"适应"，即承受一定的干旱灾害风险；其二在于"减缓"，即通过区域自身干旱调控因子的调整与优化以及工程和非工程措施的实施来降低区域干旱灾害风险。因此，干旱灾害风险应对关键在于明晰区域需承受的干旱灾害风险和风险应对重点，制定整体的应对方案。

### 1.1.4　研究意义

近年来，随着气候变化和人类活动影响的深入，我国干旱特征发生了深刻的改变。一方面，季风气候和三级阶梯地貌从根本上决定了我国干旱的基本背景，我国干旱事件仍旧表现出广发、频发的态势（吕娟，2013），另一方面，在以增温为主要特征的气候变化背景下，尽管我国部分地区降水有所增加，但由于蒸发量的增加，导致土壤有效水分会有所减少，从而使得农作物受旱减产，农业干旱及灾害问题日渐突出（王媛等，2004；高永刚等，2007；吴普特和赵西宁，2010）。针对这一问题，发展气候变化背景下干旱及干旱灾害风险评价、预估和应对理论与成套技术体系能为气候变化适应提供技术支撑。本书的研究考虑农业系统的核心因子——作物的损失状况，以及作物不同生长阶段对干旱胁迫响应的差异，提出流域/区域风险评价方法，并结合未来气候变化预估结果，梯次明晰干旱灾害风险应对的重点和整体风险应对方案，以及区域需承受的干旱灾害风险，可指导流域/区域干旱灾害风险应对措施的制定，在一定程度上可确保流域/区域社会经济的发展。

## 1.2　国内外研究动态与趋势

### 1.2.1　干旱及干旱灾害风险评价研究进展

#### 1.2.1.1　干旱定义和评价方法研究进展

由于学科的差异和认识角度的不同,对于干旱尚未形成统一的定义:①世界气象组织 (World Meteorological Organization,WMO) 将干旱定义为"持续且长期的降水短缺 (WMO,1986)"。②《联合国防治荒漠化公约》(The UN Convention to Combat Drought and Desertification,UNCCD) 将干旱定义为"降水量低于正常记录水平时的自然现象,导致严重水文失衡,从而影响到土地资源生产系统 (UN Secretariat General,1994)"。③联合国粮食及农业组织 (The Food and Agriculture Organization,FAO) 将干旱定义为"土壤水分亏缺导致作物歉收 (FAO,2002)"。④天气和气候百科全书 (The Encyclopedia of Climate and Weather) 将干旱定义为"某一时段内 (一季度、一年、多年) 区域降水量低于多年平均值 (Schneider,1996)"。⑤Gumbel (1963)认为干旱是"径流量异常偏少"。⑥Palmer (1965) 认为干旱是"区域水文情势显著异于正常情况"。⑦Linseley 等 (1959) 认为干旱是"长时间无有效降水"。

虽然不同学科对干旱的定义存在一定的差异,但目前普遍从气象、农业、水文和社会经济方面,将干旱分为四类 (Wilhite 和 Glantz,1985;AMS,2004):①气象干旱指区域在某一时段内降水偏少,通常利用降水量来评价气象干旱等级 (Santos,1983;Chang 和 Kleopa,1991;Eltahir,1992)。多数研究利用月降水数据分析降水距平,以此来表征干旱 (Gibbs,1975),也有研究利用降水累积负距平来分析干旱的持续时间和强度 (Chang 和 Kleopa,1991;Estrela,2000)。②水文干旱指由于地表或地下水资源不足,难以满足某一给定的水资源管理系统下的用水需求,通常用河川径流数据来分析水文干旱 (Dracup et al.,1980;Sen,1980;Zelenhasić 和 Salvai,1987;Chang 和 Stenson,1990;Frick et al.,1990;Mohan 和 Rangacharya,1991;Clausen 和 Pearson,1995)。通过水文干旱与流域特征的相关性分析发现,地质条件是影响水文干旱的主要原因之一 (Zecharias 和 Brutsaert,1988;Vogel 和 Kroll,1992)。③农业干旱通常是指某一时段内因为土壤水分短缺,且得不到适时适量的灌溉,导致作物减产。土壤水分的下降主要受实际蒸发量与潜在蒸发量的影响,同时也受气象干旱和水文干旱的影响。作物需水量取决于气候条件、作物生长阶段、作物的生物学特性以及土壤的理化生性质。通常利用降水、气温和土壤湿度等因素来评价分析农业干旱（Palmer，1965；王劲峰，1993）。④社会经济干旱是指自然系统和人类社会经济系统中，由于供水难以满足需水，从而影响生产、消费等社会经济活动。主要是通过干旱所造成的经济损失（如粮食生产、航运、发电、生命财产等）来评价社会经济干旱（AMS，2004）。

目前已有多种干旱指标来评价上述4类干旱（见图1.8），从最初的以单一因子评价干旱（如降水、蒸发等）到目前的以多因子从供需水关系来评价干旱。由于干旱的形成与发展是一个复杂的过程，受多种因素的影响，降水的偏少是干旱发生的主要因素，但不是决定性因素。当前较为公认的是从水资源供需平衡的角度来认识和评价干旱，因此，涉及的干旱影响因子包括降水、气温、蒸发、径流等自然因子和土地利用、种植结构、人口、社会经济布局和水利工程设施等人为因素。从当前已有的干旱指标来看，降水量距平百分率、标准化降水指数SPI、湿润度/干燥度指标、地表水供给指数等评价指标仅依据干旱形成的某一要素（如降水、蒸发、土壤含水量）来评价干旱，而Palmer旱度模式则是从水分平衡的角度，考虑了水分亏缺及其持续时间、前期天气条件等对干旱的影响（Palmer，1965），是一种相对理想的干旱评价范式（卫捷等，2003），且在当前已有广泛的应用（Hu et al.，2000；Heim，2002；Liang et al.，2007；Tang et al.，2009；王佳津等，2012），可在Palmer旱度模式的基础上，进一步完善其供水项和需水项，构建更具有普适性的干旱评价通用公式。

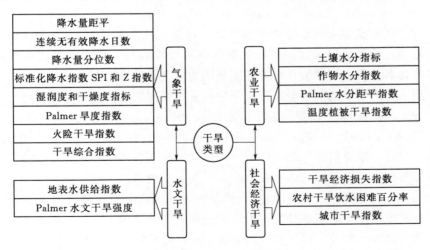

图1.8 常用干旱评价指标（张强等，2009）

## 1.2.1.2 干旱灾害风险定义和评价方法研究进展

风险在经济学上是指从事某项活动损失、盈利、无损失也无盈利三种结果的不确定性。风险的概念最早是在 1895 年由美国学者 J. Haynes 提出，将风险定义为"损害的可能性"；1901 年，美国哥伦比亚大学的 A. H. Willet 在博士毕业论文《风险及保险的经济理论》提出风险是"不愿意发生的事件发生的不确定性"；Wilson 和 Crouch（1987）在《Science》上发表的论文中将风险描述为不确定性，定义为期望值；日本学者 Saburo Ikeda（1998）认为风险是由不利事件发生的概率及其后果两部分组成。虽然对于"风险"尚未形成统一的定义，但各类定义的核心都是关于"损失的期望值"，即"不利事件造成损失的期望值"（Tobin 和 Montz，1997；Deyle et al.，1998；Hurst，1998）。20 世纪中期，"风险"一词逐渐被引入到灾害学研究的范畴（赵传君，1989）。IPCC 发布的 SREX 报告中指出，灾害风险是一定时间内，由于受到破坏性的自然事件而导致某一社区或社会无法正常运作的可能性，这些事件与脆弱的社会条件相互作用，导致人力、物力、经济和环境等遭受大范围的负面影响，因而需要立即做出应急响应，满足受灾人群需求，恢复社会经济（IPCC，2012）。

由于关于干旱的定义本身就涉及多学科、多领域，不同学者们对干旱的认识仍也存在一定的差异，因此，干旱灾害风险也没有统一的定义。美国国家干旱减灾中心（NDMC）的 Knutson 在《如何降低干旱灾害风险》的指南中，提出干旱灾害风险是干旱危险性（干旱事件的强度、频度）和承灾体脆弱性两者综合作用下所造成的负面影响（Knutson et al.，1998）；Wilhite 等（2000）在《Journal of the American Water Resources Association》发表的论文中提出干旱灾害风险受多种因素影响（如经济、环境、社会等），是由暴露度和脆弱性决定的；姚玉璧等人（2013）依据 SREX 报告成果，指出干旱灾害风险是干旱事件对社会经济系统和自然环境系统造成负面影响的可能性。

图 1.9 列举了当前普遍应用于干旱灾害风险评估的自然灾害风险评价模型和公式（Maskrey，1989；Smith，1996；Wisner，2000；Inter - American Development Bank，2000；Downing et al.，2001；United Nations，2002；史培军，2002；张继权，2007；UN/ISDR，2007；Rosello et al.，2009）。从图中可以看出，目前虽然尚未形成一个被广泛接受的形式，但大体都包括危险性（致灾因子）、暴露度（孕灾环境）、脆弱性（承灾体）以及防灾减灾能力四个部分。其中，致灾因子危险性是指旱灾主要因子（如干旱强度、影响范围、历时）的变化特征和异常程度。一般情况下，随着危险性的增加，干旱灾害风险增大。孕灾环境暴露度是指干旱形成与发展过程中，社会经济和自然环境等与干旱灾害因素的接触程度，农牧业、工业、城市和生态环境处于易受干旱灾害负面影响的区域越大，暴露度越大，干旱灾害风险越大（Turner et al.，2003）。承灾体脆弱性是指在干旱背景下，社会经济系统和自然环境系统缓冲

或者吸收不利影响的能力（郑菲等，2012），一般认为承灾体脆弱性增加，风险增大。防灾减灾能力是指人类通过工程和非工程措施减少灾害损失的能力，如应急对策和方案、水利工程情况等，防灾减灾能力越强，干旱灾害风险越小。

图 1.9 自然灾害风险评价模型

干旱灾害风险评价方法主要可分为指标法、统计分析法和情景模拟法三大类。

基于指标的评价方法是以风险形成因子（如危险性、暴露度、脆弱性等）为评价对象，选取相应的要素构成评价指标体系，其中，致灾因子危险性可用干旱的强度、历时和影响范围来表征（陈晓艺等，2008），也可用气象因子、土壤湿度、地表/地下水资源量、地形等来表示（赵静等，2012）；孕灾环境暴露度可用人口密度、GDP、耕地面积等来表示（秦越等，2013），承灾体脆弱性可用旱地作物面积、有效灌溉面积、水资源开发利用程度等来表示（张峰，2013）；防灾减灾能力可用选取机井数量、兴利库容密度、机械总动力等指标来度量（秦越等，2013）。在建立干旱灾害风险评价指标体系的基础上，采用诸如熵权法（魏建波等，2015）、层次分析法（金菊良和魏一鸣，2002；张继权等，2012）、模糊评判法（王艳玲，2007；曹永强等，2011；秦越等，2013）、主成分分析法（张蕾等，2014）等数学分析方法计算各指标的权重，并计算区域综合干旱灾害风险等级。

基于统计分析的评价方法是以区域历史灾害资料、气象数据和损失数据为基础，利用数学方法构建危险性与损失量之间的统计模型，利用该统计模型对灾害风险进行评价。当资料较为完整、系列较长时，可利用长系列的灾损数据，基于统计方法获取旱灾致灾因子（$F$）-损失量（$L$）的概率分布曲线，从而可定量评价灾害风险。如 Petak 等（1982）通过分析美国各类自然灾害及其损失数据，利用概率形式表示灾害风险；薛晓萍等（1999）对山东省棉花产量与气候因子进行统计分析，获取在不同生育阶段影响棉花产量主要因子，建立降水-产量损失统计关系，在此基础上构建区域棉花干旱灾害损失评价模型。当资料系列较短，样本较少时，样本的估计参数与总体参数误差偏大，需要借助其他手段来分析风险。如黄崇福等（2004，2005，2010，2012）将模糊数学引入了风险分析，针对孕灾环境、致灾因子、承灾体和灾损数据等信息的不完备性，提出了自然灾害模糊风险的概念，认为模糊风险是对不利事件的近似推断。当前，基于信息扩散原理的正态扩散模型是常用的模糊信息处理方法，并广泛应用于干旱灾害风险评价中。该方法假定存在一个适当的扩散函数，能对观测样本进行极值化处理，将样本观测值变为模糊集（王积全和李维德，2007；张顺谦等，2008；陈家金等，2010；张竞竟，2012；王莺等，2013）。

　　基于情景模拟的评价方法是指综合数值模拟和地理信息系统技术，预估变化环境下未来可能发生的灾害，实现灾害风险的动态评估。以农业干旱灾害风险评估为例，可利用历史观测数据构建作物生长模型，并结合作物不同生育期内对水分的需求及其敏感性，建立作物干旱识别和风险评估模型。当前，可用于模拟作物生长的模型种类繁多，其中，应用较为广泛的有美国密西根州立大学和乔治亚大学联合研制的 GERES 系列模型（Ritchie，1972）、美国农业部农业研究署主持完成的 GOSSYM 模型（Baker et al.，1983）、荷兰瓦赫宁根大学开发的 SUCROS 模型（Van Keulen et al.，1982）和 MACROS 模型（Penning de Vries et al.，1989），国内 WheatSM 模型（冯利平，1995）、COTGROW 模型（潘学标和邓绍华，1996）也得到了广泛的应用。作物生长模型的完善和发展为作物干旱识别和风险评估模型的构建提供了技术支撑，如孙宁等（2005）利用 APSIM - Wheat 模型模拟了北京地区冬小麦的生长过程，并结合模拟结果评价了干旱背景下冬小麦产量损失风险；贾慧聪等（2011）利用 EPIC 模型定量评估了黄淮海地区夏玉米干旱灾害风险。此外，随着气候模式分辨率和精度的提高，也为气候变化背景下未来不同情景、不同模式下的干旱灾害风险预估提供数据支撑。

## 1.2.2　气候模式的模拟能力评估及订正研究进展

### 1.2.2.1　气候模式模拟效果评价

　　气候模式数据是未来干旱灾害风险预估的关键，但气候模式在应用中存在较大的不确定性，一方面，模式模拟结果与实测值之间存在较大差异，另一方面，不同模式模拟结果也很难给出一致的变化趋势（张世法等，2010）。因此对模式的适用性进行评价是提高干旱灾害风险预估精度和减少预估结果不确定性的前提。当前，对于模式的评价方式主要可分为 3 类：①仅从平均态的模拟效果来评价，如冯锦明等（2007）利用 RIEMS、NJU RCM、MRIJSM＿BAIM、RegCM2b 和 SNU RCM 五个区域气候模式和 CSIRO CCAM 一个全球气候模式多年平均气温和降水结果，分析了不同模式对中国地区气温和降水的模拟效果；郝振纯等（2010）对比分析了 IPCC AR4 中 22 个全球气候模式输出气温和降水数据与长江流域主要气象站观测数据的月平均值，评价了不同模式在长江流域的适用性。②以统计特征值为标准来评价，常用的指标包括均方根误差（评价模拟值与实测值离散程度是否接近）、相关系数和空间相关系数（评价模拟值和实测值形态相似情况）、线性趋势（评价模拟值和实测值变化趋势是否一致）和内核密度分布估计（估计未知的密度函数）等，如孙侦等（2016）采用相关系数、偏差和均方根误差等评价了 IPCC AR5 中气候模式模拟日均降水的效果；黄金龙等（2015）采用空间相关系数、偏差和均方根误差评价了 CMIP5 多模式集合对南亚印度河流域气候变化的模拟效果；朱娴韵等（2015）采用多年平均值偏差、线性趋势、相关系数、空间相关系数、均方根误差和内核密度分布估计法等评价了高分辨率区域气候模式 CCLM 对云南省气温和降水的模拟效果。③利用极端气候指标模拟值和实测值来评价，常用的极端气候指包括百分位指数、绝对指数、门限指数、持续时间指数及其他指数（丁裕国和江志红，2009），如 Yuan 等（2015）以 10 年一遇、20 年一遇和 50 年一遇的最大 1 日、3 日、15 日和 30 日降水指标为对象，评价了 GFDL － ESM2M、HADGEM2 － ES、IPSL － CM5A － LR、MIROC － ESM － CHEM 和 NORESM1 － M 五套气候模式对中国极端降水的模拟效果；Yin 等（2016）以最大 1 日降水、最大 5 日降水、简单降水指标、日降水超过 10mm 天数、日降水超过 20mm 天数、连续无雨日、连续有雨日等为对象，评价了气候模式在中国极端降水模拟中的适用性；黄金龙等（2014）利用历史气温、降水逐日格点数据和 MPI － ESM － LR 模式驱动的 CCLM 区域模式输出数据，评价了 CCLM 模式对塔里木河流域极端降水和气温事件的模拟效果。

## 1.2.2.2 气候模式降尺度与预估结果订正

全球气候模式的输出结果尺度大、分辨率低（约为 100～500km），难以直接应用于区域或流域尺度的气候变化影响分析研究（王林等，2013），因此，需采用降尺度的方法将气候模式输出结果转化成小尺度、高分辨的气候信息（Giorgi 和 Mearns，1991）。目前，降尺度的方法主要分为动力降尺度和统计降尺度两类。

动力降尺度是将海气耦合气候模式（atmosphere‑ocean general circula-tion model，AOGCM）与区域气候模式（regional climate model，RCM）耦合，根据 AOGCM 提供的初始和边界条件，通过 RCM 模拟得到区域气候信息（Pal et al.，2007）。Liu 等（2015）采用动力降尺度的方式对 CMIP5 提供的气候模式模拟结果进行处理，并分析了温室气体对美洲内陆海域的影响；Braga 等（2013）对输出结果进行降尺度处理，并利用降尺度后的数据分析了巴西东北部典型流域的降雨变化特征；吴迪等（2012）基于区域气候模式 RegCM3，对模式预估数据进行动力降尺度处理，并预估了未来湄公河流域农业干旱灾害风险；程志刚等（2011）利用经动力降尺度处理后的多模式的集合平均结果，分析了中等排放情景下 21 世纪青藏高原气温和降水的时空变化特征。目前研究表明，动力降尺度方法的优势在于其具有明确的物理意义，但该方法计算量大，且 AOGCM 提供的边界条件对 RCM 的性能影响较大，在不同区域应用时需对参数进行重新调整（Mearns，1999）。

统计降尺度也称为经验降尺度，是指利用历史观测资料在大尺度气候因子与局地气候要素之间建立一种统计关系，并利用独立的观测资料对其进行检验，在此基础上，结合 AOGCM 输出的大尺度信息，获取区域气候要素变化的信息（Wilby 和 Wigley，1997；Wilby et al.，2002；Wilby 和 Wigley，2000）。与动力降尺度相比，统计降尺度无需考虑 AOGCM 边界条件对结果的影响，且计算量小、易建模、方法灵活，因而应用较为广泛（范丽军等，2005）。目前，统计降尺度方法主要分为转化函数法、天气分型法和天气发生器法三类（Maraun，2010）：①转化函数法分为线性转换函数法和非线性转换函数法，以线性转换函数法的应用最为广泛，最为常见的是建立大尺度气候场与地面气候变量场之间的多元线性回归方程，如 Sailor 等（1999）用多元线性回归方法模拟了气候变化下美国的气温变化；Murphy（2000）预估了欧洲地区的月平均降水和气温；Hellstrom 等（2001）对瑞典的月降水进行了预估。人工神经网络法是应用较为广泛的非线性方法，如 Mpelasoka 等（2001）利用人工神经网络法模拟了新西兰月平均气温和降水。②天气分型法是对历史的大气信息（海平面气压、位势高度场、风向、风速、气流指数、云量等）进行分类，然后根据未来环流与历史环流的相似程度来确定未来的气候特征。常用的方法包括类比法、模糊聚类法等。其中，类比法应用简单、计算量小，能较好地描述天气变量的相关性，因此在天气分型中较为常见（Zorita 和 Von Storch，1999；Salathé，2003；Pons et al.，2010）。③天气发生器是一系列可生成气候要素随机序列的统计模型，所生成的随机序列与观察资料的统计特征类似，如将天气发生器参数与大尺度气候变量建立关系，则具有统计降尺度的意义。马尔可夫过程、贝叶斯等级模型、最近邻算法等都属于天气发生器

(Yates et al.，2003；Mason，2004；Wheater et al.，2005；Charles et al.，2007；Cooley et al.，2007；Chiew et al.，2010)，其中最为常见的是马尔可夫过程，且以一阶马尔可夫和伽马分布最为简单。

由于气候模式输出数据的精度限制，经过降尺度处理后，所得的基准期模拟值与气象站点观测值之间仍存在较大误差，为使模拟数据能够更为真实地反映实际气候特征，需要对降尺度后结果进行订正。主要的订正方法有分位图订正法和 Delta 法两大类：①分位图订正法是按照模式模拟与实测间同频率进行订正。如 Li 等 (2010) 在 CDFs 法基础上改进的 EDCDF (equidistant cumulative distribution functions) 法，假设相同累计分布概率所对应的观测与模拟数据的差在未来时段保持不变，还考虑了预估值与基准期模拟值之间的 CDFs 的差别；陶辉等 (2013) 采用分位图订正法对 CCLM 区域气候模式在长江流域的气温和降水预估数据进行了偏差校正。②Delta 法是将 GCM 预测的未来气候要素 (如气温、降水) 的变化特征叠加到基准期实测序列上，来重建未来气候要素序列。该方法未能考虑气象要素序列极差、方差等其他特征的变化，且存在一假设前提条件——历史和未来气象要素的空间分布特征不变 (Diaz - Nieto 和 Wilby，2005)。

## 1.2.3 干旱灾害风险应对研究进展

### 1.2.3.1 应对措施

干旱应对措施可分为工程措施和非工程措施两类，其中，工程措施包括蓄、引、提、调水工程，节水灌溉工程和应急 (备用) 水源工程；非工程措施包括监测、预警、调度系统及保障体系等 (王浩，2010)。近几十年来，我国水利工程建设已经取得了许多阶段性的成果，重点区域的工程体系日渐完善。水利工程的建设为防汛抗旱提供了一定的工程保障，是干旱应对中的重要举措。

(1) 工程措施。根据全国第一次水利普查数据，截至 2012 年，全国共有水库 98002 座，总库容 9323.12 亿 $m^3$；其中，总兴利库容为 4668.40 亿 $m^3$ (图 1.10) (孙振刚等，2013)；全国设计灌溉面积 30 万亩以上的灌区共有 456 处，灌溉面积 2.80 亿亩。大型灌区集中分布在黄淮海平原、长江中下游平原、四川盆地、黄河上中游河谷及新疆地区。黑龙江、吉林、辽宁、河北、河南、山东、安徽、江西等粮食主产区省份的大型灌区规划面积占全国的 37.7%；《全国抗旱规划》(中华人民共和国水利部，2011) 中的数据表明，截至 2007 年，全国六大区域应急 (备用) 水源工程行政单元共有 569 个，其中，地级以上行政单元 101 个，县级行政单元 468 个 (见图 1.11)，此外，针对 2020 年的抗旱目标，确定抗旱规划的应急供水量为 119.22 亿 m³。

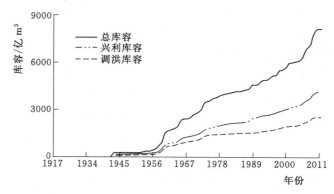

图 1.10　我国水库库容变化

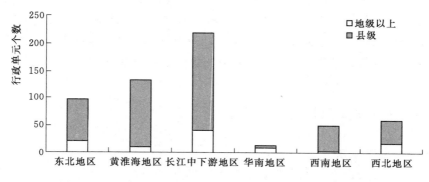

图 1.11　全国六大区域应急（备用）水源工程行政单元个数

（2）非工程措施。《全国抗旱规划》中的非工程措施主要包括：监测预警、指挥调度、保障体系等。其中，监测预警包括旱情的数据库建立、信息服务、预测预警；指挥调度包括调度决策及指挥方案的制定；保障体系包括技术的研发与应用、政策法规的制定、培训与宣传等。已有的抗旱相关法律法规主要包括：《中华人民共和国抗旱条例》《全国抗旱规划》《农业节水纲要》等（中华人民共和国水利部，2011）。

### 1.2.3.2　应对模式

传统的干旱应对多采取危机管理的模式，是一种被动应对的方式，即在干旱灾害发生之后，国家给予受灾人群救助（马建琴和魏蕊，2011）。但危机管理的模式依赖现有自然资源，缺乏前期的预警预报系统，因而会增加社会经济系统在干旱灾害面前的脆弱性（翁白莎和严登华，2010）。以澳大利亚为例，20 世纪 80 年代之前，主要采取危机管理模式来应对干旱，但到 20 世纪 80 年代末期，由于缺乏前期旱灾预警和预案，旱灾损失逐步严重，日益增加的旱灾救助费用使得联邦政府难以承担（成福云等，2003）。由于干旱灾害的影响与日俱增，迫切需要改变传统的旱灾危机管理模式。

风险管理模式主要是通过各类减灾措施的实施来降低干旱事件的风险，重点在于前期旱灾的预测、规避与化解（见图1.12）（Wilhite et al.，2000）。具体而言是基于风险分析制定干旱政策、干旱预案和预防性的减灾策略，结合前期预警预报系统提高社会经济系统抵御干旱灾害的能力，减轻干旱灾害的影响（Donald，2005）。相对于危机管理模式，干旱灾害风险管理是更为主动、有序的应对方式（顾颖，2006），主要包括三个方面：①干旱期水资源管理——关键在于分析和控制干旱期缺水的负面影响，将旱灾损失控制在可承受范围之内（张翔等，2005）。②干旱期水资源分配——在干旱期，相关部门根据旱情状况，重新分配各用户单元用水量，关键在于用水计划的协调和制定，并采取有针对性的抗旱措施。③干旱前期预警——根据干旱成因选择主要因素构建预警指标体系，并对相关指标进行实时监测，获取干旱灾害风险警报，识别干旱发生、发展和减缓的过程，为实时抗旱提供决策支撑（顾颖，2007）。

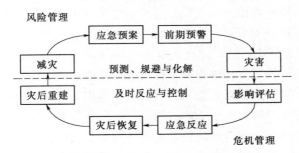

图1.12  灾害管理过程（Wilhite et al.，2000）

## 1.3  干旱评价与应对中存在的问题

近十几年来，国家到各级政府均采取了一系列卓有成效的工程、非工程措施对干旱灾害进行治理，从当前的成果来看，国家重点区域的工程体系已日渐完善，全国抗旱顶层设计得到了进一步优化，抗旱工作也取得了初步的成效。但仍存在三个方面的问题亟待解决：

（1）干旱及干旱灾害风险评价方面。作为极端水文水资源事件的干旱事件，其本质是缺水；并随着缺水程度加剧对社会经济系统和生态环境系统造成的损害，形成旱灾。干旱事件的形成与发展受到气候变化、下垫面条件、水利工程调节等的综合作用；其造成的影响及损失还受到区域社会经济布局和干旱情景下各行业需耗水特征的综合影响。目前多从单一水循环要素过程（如降水）的角度评价干旱事件，而不是以水循环系统作为研究对象，且多数研究忽略了干旱影响的累积效应。

目前干旱灾害风险评价多采用指标法，即用一系列指标表征危险性、暴露度、脆弱性以及防灾减灾能力等，设定各指标的权重，在此基础上获取综合风险指数。虽然这类方法应用较为广泛，但指标的选择及权重的确定受主观影响较大，且很难反应作物损失状况，评估结果较为粗略。

（2）干旱及干旱灾害风险预估方面。以全球气候模式作为数据驱动，预估未来干旱及干旱灾害风险是当前的主流方式。但全球气候模式在预估中存在极大不确定性，特别在降水预估不确定性更为突出，短期内大幅度改进 GCMs 降水预估成果存在很大困难，这使未来干旱及干旱灾害风险预估研究中难以直接应用全球气候模式预估的降水数据；通过对 CMIP5 提供的大量 GCMs 在区域上的模拟能力评估，基于评估结果的模式集合预估，成为降低 GCMs 预估不确定性的一个主要途径。其中，针对干旱、水资源等特定预估目标的 GCMs 评估和集合方法成为一个新的趋势；此外，在水文水资源领域，基于 GCMs 历史模式数据与实测数据的模式模拟与预估结果订正方法研究也是一个热点问题。其中，针对抗旱安全对降水统计特性预估的要求，相对于仅考虑均值相对变化的 Delta 法等订正方法，能够更多应用 GCMs 预估信息、更好反映降水统计特征变化的统计校正方法成为一个新的研究趋势。

（3）干旱灾害风险应对方面。尽管当前干旱应对模式已由传统的危机管理的被动抗旱向如今"以防为主，防抗结合"的风险管理转变，但在我国干旱灾害风险应对中依然存在较多的问题，主要体现在社会经济布局和城市化未有效规避干旱灾害风险、干旱灾害应对未充分融合其孕育发展规律、工程体系不能满足干旱灾害应对需求、预警预报和应急处置能力严重不足和依法防灾与科学防灾支撑不足等多个方面。因此，需要在遵循干旱灾害中长期演变规律和预估未来干旱灾害风险的基础上，通过区域自身干旱调控因子的调整与优化降低脆弱性和暴露性，同时，通过工程措施和非工程措施的实施来全面提高区域干旱灾害风险应对能力。

# 1.4 研究内容与技术路线

## 1.4.1 研究内容

本书围绕干旱及干旱灾害风险评价与应对中"如何评价？过去怎么变？将来如何变？如何应对？"4 大实践需求问题，以滦河流域为靶区，设置 4 个方面研究内容：

（1）干旱及干旱灾害风险评价方法。从水资源系统的角度，综合考虑区域供水与需水特性，提出基于供需态势的干旱评价方法。通过所构建的流域水文模型以及农业、生态、生活、工业需水计算方法获取供水和需水数据，并以农业干旱为重点，对滦河流域干旱事件进行定量评价；结合上述干旱评价方法，利用滦河流域历年旱灾损失数据，综合灾害风险形成的"4因子说"和灾损拟合，提出干旱灾害风险评价方法。研究内容间的逻辑关系如图1.13所示。

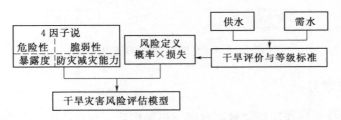

图 1.13 研究内容（1）的逻辑关系

（2）滦河流域干旱及干旱灾害风险时空变化。基于本书中所构建的干旱指标及其标准，从强度（severity）、影响范围（areal extent）和频度（frequency）等方面分析滦河流域干旱的演变规律；基于本书中所构建的干旱灾害风险评价模型，评价滦河流域不同时段的干旱灾害风险，分析不同时段流域干旱灾害风险的空间格局以及土地利用/覆被变化对流域干旱灾害风险的影响。研究内容间的逻辑关系如图1.14所示。

（3）滦河流域未来干旱灾害风险预估。以未来气候模式输出的气象数据作为驱动，采用上述干旱灾害风险评价模型，对未来气候变化背景下滦河流域的干旱灾害风险及变化特征进行预估。鉴于未来气候模式预估数据存在较大的不确定性，本书以"概率分布吻合最优"为原则，对多模式进行比选，并对预估结果进行拼插。研究内容间的逻辑关系如图1.15所示。

图 1.14 研究内容（2）的逻辑关系　　　　图 1.15 研究内容（3）的逻辑关系

（4）滦河流域未来干旱灾害风险应对。充分考虑未来气候变化背景下的危险性，进行区域干旱灾害风险的一次风险评价，最大限度暴露区域的干旱灾害风险；结合退耕还林还草和控制种植规模的方式，降低干旱事件的发生频率和区域的暴露性，在此基础上进行二次干旱灾害风险评估；通过增加保灌田面积的方式，提高区域应对干旱灾害的能力，进行三次干旱灾害风险评估，结合上述风险调控措施，将区域干旱灾害风险整体控制在可接受的范围内。研究内容间的逻辑关系如图 1.16 所示。

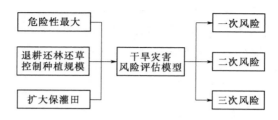

图 1.16　研究内容（4）的逻辑关系

## 1.4.2　技术路线

本书的技术路线按照"数据整理—模型构建—规律认知—未来预估—综合应对"的思路予以开展，具体如下。

（1）基础数据整理：在收集滦河流域 DEM、土地利用、土壤、植被、气象水文监测数据、未来气候模式预估数据、灾损数据等资料的基础上，构建工作数据库，用以后续的模型构建及相关分析。

（2）模型构建：借助 Palmer 旱度模式的形式，从供需水态势的角度构建干旱评价模型，供水水源包括地表水、土壤水和地下水，可利用水文模型模拟得到，需水量主要考虑主要农作物农业需水、林草地生态需水、居民生活需水和工业用水；干旱灾害风险评价模型主要针对农业干旱，以灾害风险四因子说和灾损拟合为基础进行模型构建。

（3）规律认知：利用上述所构建的数据库、干旱评价模型、干旱灾害风险评价模型，定量评价研究区干旱事件及干旱灾害风险，认知干旱及干旱灾害风险的演变规律，识别下垫面条件变化对干旱灾害风险的影响，在此基础上，进行干旱灾害风险还原。

（4）未来预估：以"概率分布吻合最优"为原则，构建 GCMs 评价模型，筛选不同地区、不同时段内相对最优模式，在时间和空间上对 GCMs 预估数据进行拼插；以拼插后的预估气象数据为驱动，借助上述构建的干旱及干旱灾害风险评价模型，预估未来气候变化背景下滦河流域干旱灾害风险。

（5）综合应对：依据未来气候变化、水利工程条件、土地利用方式、种植结构等，设置多种情景方案，进行流域三层风险评价：充分暴露区域的干旱灾害风险；通过流域自身干旱调控因子的调整与优化，降低脆弱性和暴露性；通过工程措施和非工程措施，全面提高流域干旱灾害风险应对能力，梯次明晰干旱灾害风险应对的重点和整体风险应对方案，明晰流域需承受的干旱灾害风险。技术路线的基本思路如图 1.17 所示。

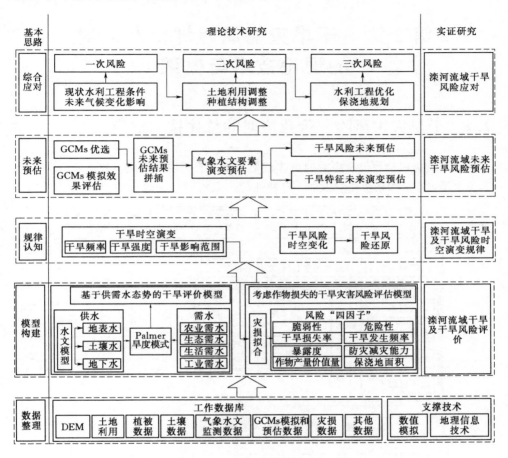

图 1.17 技术路线

# 第2章　干旱灾害风险评价及应对的理论技术与框架

## 2.1　干旱灾害风险评价及应对的总体技术框架

　　干旱灾害风险评价及应对的总体框架主要由五个层次构成：数据库构建、干旱及干旱灾害风险形成机制识别、定量评价、未来预估与综合应对（见图 2.1）。

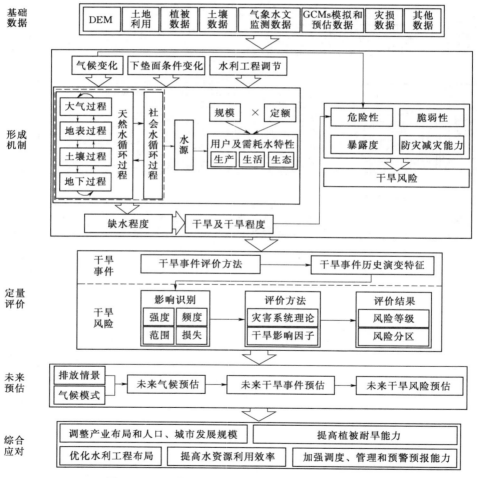

图 2.1　干旱灾害风险评价及应对的总体技术框架

从供需水态势识别干旱事件以及从风险"4因子说"识别干旱灾害风险形成机制是后续定量评价、趋势预估与综合应对的理论基础；分析干旱事件时空变化规律、评价干旱所造成的损失是干旱灾害风险评价的前提；未来干旱灾害风险的预估能指导干旱灾害风险的应对；在干旱及干旱灾害风险机理识别、评价和预估的基础上，提出干旱灾害风险应对的技术体系。具体而言：①基础数据层以研究区气象水文、基础地理信息、社会经济布局、水利工程情况等为基础，构建工作数据库。②形成机制层从气候变化、下垫面条件变化和水利工程调节等方面明晰干旱事件的形成机制；以灾害系统理论为指导，从脆弱性、危险性、暴露度和防灾减灾能力方面明晰干旱灾害风险的形成机制。③在定量评价层，基于供需水态势构建干旱评价模型，进而从干旱事件强度、频率和影响范围方面明晰干旱事件的历史演变特征以及不同等级干旱造成的损失；从风险"4因子说"的角度，提出考虑作物损失的干旱灾害风险评估模型，对区域干旱灾害风险进行评价。④未来预估层以GCMs多模式集成预估成果为数据驱动，利用干旱及干旱灾害风险评价模型，对研究区未来干旱及干旱灾害风险进行预估。⑤综合应对层以干旱灾害风险预估结果为指导，建立完善的干旱灾害风险综合应对体系，从而提高干旱灾害风险的应对能力，降低干旱灾害风险。

## 2.2　干旱事件评价

由于干旱的本质是水分供给与需求不平衡而形成的持续性缺水的现状，因此，本书的研究借助PDSI的思想，基于供需水态势构建干旱评价模型，其核心在于区域供水和需水的模拟以及相应干旱评价模式的构建。

（1）水资源短缺指数。区域供水的来源为大气降水所形成的径流性水资源和有效降水，以地表水、土壤水和地下水位赋存形态（王浩，2004）。因此，区域供水量可表示为

$$WS = R_s + R_g + W_{土壤} \qquad (2.1)$$

式中：$WS$ 为供水量；$R_s$ 为地表水资源量；$R_g$ 为不重复地下水水资源量；$W_{土壤}$ 为土壤水资源量。

土壤水资源量（$W_{土壤}$）是能被人类生活、生产所利用的土壤水量与维持自然生态环境功能的土壤水量之和（王浩，2004；仇亚琴，2006），可认为是冠层截留蒸发量（$E_i$）、植被蒸腾量（$E_t$）、植被棵间土壤有效蒸发量（$E_s$）、植被棵间地表截留有效蒸发量（$E_o$）、水面蒸发量（$E_w$）和居工地蒸发量（$E_c$）之和（王浩等，2006；贾仰文等，2006）。因此，可将式（2.1）写为

$$WS = R_s + R_g + E_i + E_t + E_s + E_o + E_w + E_c \qquad (2.2)$$

区域需水量可认为是农业需水、生态需水、生活需水和工业需水之和，因此，可用下式表示：

$$WD = WD_a + WD_e + WD_l + WD_i \qquad (2.3)$$

式中：$WD$ 为区域需水量；$WD_a$、$WD_e$、$WD_l$ 和 $WD_i$ 分别表示农业需水量、生态需水量、生活需水量和工业需水量。

参照 PDSI 中水分距平值的定义，此处定义水资源短缺量（$d$）为评价单元供水量与需水量的差值，即

$$d = WS - WD \qquad (2.4)$$

因此，各月的水资源短缺指数可表示为

$$z = k^* d \qquad (2.5)$$

$z$ 值反映的是供需水态势。若 $z$ 值为负，表示供水难以满足需水，水分亏缺，即为干旱状态；若 $z$ 值为正，表示供水可以满足需水，水分过剩，即为湿润状态。$k^*$ 为水资源短缺修正系数。

（2）干旱指标计算。以月为时间尺度，在计算各站评价单元供水量和需水量的基础上，根据式（2.5），计算得到各评价单元逐月水资源短缺指数（$z$ 值），统计各评价单元最旱时段的持续月数和累积 $z$ 值，假定最旱时段为极端干旱，则可确定干旱指标 $x$、水资源短缺指数 $z$ 和持续时间 $t$ 之间的函数关系

$$x_i = \frac{\sum_{t=1}^{i} z_t}{at + b} \qquad (2.6)$$

式中：$x_i$ 为第 $i$ 个月的干旱指数；$t$ 为持续时间；$z_t$ 为 $t$ 时段内水资源短缺指数累积值，参数 $a$ 和 $b$ 为待定系数，可根据 $\sum z$-$t$ 图来确定。

由于前一时段的 $\sum z$ 会对后一时段的 $z$ 值造成影响，例如，如果某两个月的 $z$ 值相同，但其中一个出现在几个较湿润的月之后，而另一个出现在几个较干旱月之后，理论上来看，后者的干旱程度应该高于前者，因此，需进一步确定每个月的 $z$ 值对 $x$ 值的影响（刘巍巍等，2004）。令 $i=1$，$t=1$，式（2.6）则可写为

$$x_1 = \frac{z_1}{a + b} \qquad (2.7)$$

假设本月是干旱的开始，则：

$$x_1 - x_0 = \Delta x_1 = \frac{z_1}{a + b} \qquad (2.8)$$

如果要维持上一个月的旱情，随着时间（$t$）的增加，累积的水资源短缺指数（$-\sum z$）也应该随之增加。但 $t$ 值的增加是恒定的（每月增加 1），因此，要维持上一个月的干旱指数，所需要增加的（$-z$）值取决于干旱指数，故令

$$x_i - x_{i-1} = \Delta x_1 = \frac{z_1}{a+b} + Cx_{i-1} \qquad (2.9)$$

令 $t=2$，$x_i = x_{i-1} = -1$，由式（2.6）和式（2.8）可求得 $C$ 值，则式（2.9）可写为

$$x_i = (1+C)x_{i-1} + \frac{z_i}{a+b} \qquad (2.10)$$

干湿等级标准仍采用 PDSI 的划分标准，具体可参见《气象干旱等级》（GB/T 20481—2006）。

详细滦河流域计算案例见本书第 5 章。

## 2.3　干旱灾害风险评估

从干旱灾害风险的内涵来看，干旱灾害风险是干旱事件对承灾体造成的损失的可能性（期望），即可认为"风险＝发生概率×损失"；从干旱灾害风险形成机理来看，干旱灾害风险是"危险性""暴露度""脆弱性""抗旱能力"四个要素综合作用的结果。综合风险的内涵与形成机理，设定如表 2.1 所示的指标体系：目标层为区域干旱灾害风险（$R$）；准则层由危险性（$H$）、暴露度（$E$）、脆弱性（$V$）以及防灾减灾能力（$RE$）四方面指标构成；方案层为针对准则层所选取的影响干旱灾害的主要因子。

表 2.1　　　　　　　　　　干旱灾害风险评估指标体系

| 目　标　层 | 准　则　层 | 方　案　层 |
|---|---|---|
| 区域干旱灾害风险（$R$） | 危险性（$H$） | 不同等级干旱发生概率 |
| | 暴露度（$E$） | 农作物最大产量 |
| | 脆弱性（$V$） | 干旱等级损失率 |
| | 防灾减灾能力（$RE$） | 保灌率 |

按照自然灾害风险理论，可将风险评价模型概化为：

$$R = H \cap E \cap V \cap (1-RE) \qquad (2.11)$$

针对农业干旱灾害风险，将式（2.11）细化为区域作物干旱灾害风险损失价值量模型：

$$LV = (1 - k) \sum_{i=1}^{n} \sum_{j=1}^{m} D_{ij} P_{ij} MV \qquad (2.12)$$

式中：$LV$ 为某一评价单元作物干旱灾害风险损失价值量；$k$ 为保浇地面积占比，其大小可反映评价单元的抗旱能力；$MV$ 为无旱条件下作物产量的价值量，大小可反映暴露度；$i$ 为干旱等级，取值为 1（轻微干旱）、2（中等干旱）、3（严重干旱）和 4（极端干旱）；$j$ 为作物类型；$P_{ij}$ 为干旱发生的概率，其大小可反映危险性；$D_{ij}$ 为指定等级干旱的条件下，某一作物的损失率，其大小可以反映脆弱性，可通过灾损拟合获取，即基于历史灾损数据，构建旱灾损失率与干旱特征之间的关系。

该方法可降低主观判断，提高结果可靠性。可基于聚类分析法，以历史灾损为样本，将其分为轻旱、中旱、重旱和极旱四类，每一类的中值定义为不同干旱等级的平均损失率。式（2.12）一方面符合自然灾害风险理论中的风险评价模型，另一方面，所得到的干旱灾害风险损失价值量表征的是干旱事件对承灾体造成的损失的期望值，也符合干旱灾害风险的内涵。

根据干旱灾害风险损失量可进一步获取综合风险损失率，即干旱灾害风险损失量占农作物总产量价值量的比例，其大小可反映评价单元单位产量价值量干旱灾害风险损失程度。其计算公式如下：

$$R = \frac{LV}{MV} \qquad (2.13)$$

但干旱灾害风险损失率为损失相对值，而干旱灾害风险损失量为损失的绝对值，本书的研究分别将干旱灾害风险损失率和损失量标准化后，按如下公式计算各评价单元干旱灾害风险损失指数。

$$RD = \frac{Q + S}{2} \qquad (2.14)$$

式中：$RD$ 为综合干旱灾害风险损失指数；$Q$ 和 $S$ 分别为干旱灾害风险损失量和干旱灾害风险损失率标准化后的结果。

标准化过程如式（2.15）、式（2.16）所示。

$$\left. \begin{array}{l} Q = \dfrac{LV - LV_{\min}}{LV_{\max} - LV_{\min}} \\[2mm] S = \dfrac{R - R_{\min}}{R_{\max} - R_{\min}} \end{array} \right\} \qquad (2.15)$$

式中：$Q$ 和 $S$ 分别为某一评价单元标准化后的干旱灾害风险损失量和干旱灾害风险损失率。

采用上式可得到不同评价单元综合干旱灾害风险损失指数，采用自然断点法将其分成 5 级：低风险、中低风险、中风险、中高风险和高风险，从而对不同区域的干旱灾害风险等级进行划分。

详细滦河流域计算案例见本书第 5 章。

## 2.4 干旱灾害风险预估

干旱灾害风险预估是为水土资源调控提供依据。在前期构建干旱及干旱灾害风险评价方法的基础上，获取降水、气温等气象要素的预测结果即可预估未来气候变化背景下干旱灾害风险的演变趋势。由于干旱的发生和发展时间跨度长，短期的数值天气预报难以提供可靠的气象预估结果；模糊数学方法、人工神经网络方法、灰色系统理论方法、小波理论方法、混沌理论方法、多层递阶方法、支持向量机方法和最优组合预测方法等现代中长期预报方法预报精度较低，难以有效地指导干旱灾害风险预估（王富强，2010）。相比之下，全球气候模式能较好地反映大尺度大气运动，是预估未来气候变化的首要工具（Chen 和 Sun，2009；姜大膀等，2009；Zhang 和 Sun，2012；Lu 和 Fu，2010；孙颖和丁一汇，2009；周波涛，2012）。

目前 IPCC 在第五次评估报告中开发了新一代的温室气体排放情景——"代表性浓度路径"（representative concentration pathways，RCPs），主要包括 RCP2.6、RCP4.5、RCP6.0 和 RCP8.5；同时还发布了 46 套全球模式的历史气象模拟和未来多情景气候演变预估成果，为干旱灾害风险的预估提供了数据支撑。因此，气候变化背景下干旱灾害风险预估的关键问题在于如何选取合适的气候模式降低预估的不确定性。本书的研究以月数据的统计分布特征为指标，基于 GCMs 模拟和实测数据，以"概率分布吻合最优"为原则，评估 GCMs 的区域适用性，并在此基础上，对模型进行时间和空间上的拼插。具体方法如下：

以某一格点指定月份实测和模拟气象要素系列构成集合 $A_O$ 和 $A_S$：

$$\left.\begin{aligned} A_O &= \{u_1 \quad u_2 \quad \cdots \quad u_n\} \\ A_S &= \{v_1 \quad v_2 \quad \cdots \quad v_n\} \end{aligned}\right\} \tag{2.16}$$

式中：$u$ 和 $v$ 分别为实测值和气候模拟模拟值；$n$ 为样本容量。

选取合适的分布函数对实测和模拟的气象要素系列进行拟合，得到实测序列和模拟序列概率密度分布函数 $f_o(x)$ 和 $f_s(x)$（见图 2.2）。定义 Skill Score（SS 值）为 $f_o(x)$ 和 $f_s(x)$ 所围成的公共部分面积：

$$SS = \int_{x_1}^{x_2} \min(f_o(x), f_s(x)) \mathrm{d}x \qquad (2.17)$$

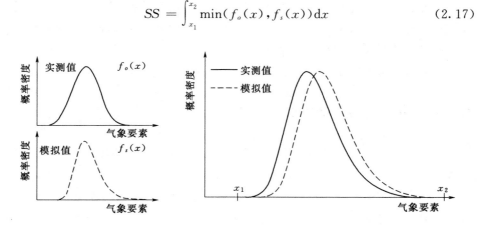

图 2.2　实测序列和模拟序列概率密度分布函数示意图

$SS$ 值介于 0~1 之间。当 $SS=0$ 时，说明实测值和模拟值的概率曲线完全没有重合部分；而当 $SS=1$ 时，说明实测值和模拟值的概率曲线完全重合。$SS$ 越大，说明模式模拟效果越优。以 $SS$ 值为标准，对各模式的适用性进行评价，并筛选出相对最优模式，对未来气候模式预估数据进行拼插（见图 2.3），利用拼插后的预估数据作为驱动，预估气候变化背景下干旱灾害风险。

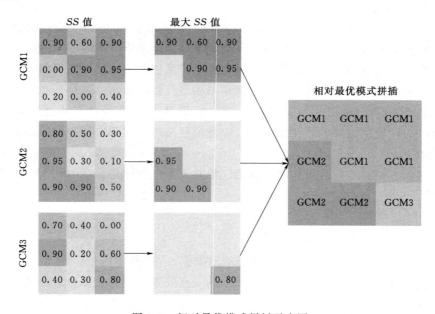

图 2.3　相对最优模式拼插示意图

详细滦河流域计算案例见本书第 6 章。

## 2.5　干旱灾害风险综合应对

区域干旱灾害风险形成的 4 因子包括：①危险性——干旱频率，由供需水特征决定，涉及自然水循环和人工水循环过程，除气象、地形条件无法调控外，其余因素多数能调控，如在水土流失严重的地区建设水土保持工程，在不适宜耕作地区开展退耕还林（草）工程，在上游地区建设水源涵养林，以发挥植被削峰补枯的作用等。②暴露度——作物产量价值量，涉及种植面积、作物价格，可进行局部调整。如针对缺水型地区的发展布局，应适度控制种植规模。③脆弱性——植被耐旱能力，可通过调控人工植被予以提高，如选择耐旱能力强的作物等。④防灾减灾能力——兴利库容、用水效率、干旱预警预报能力、应急调度等，可通过工程和非工程措施予以提高。如水利工程（群）建设及联合调度、节水技术推广、调度管理和监测预警系统的完善等。

基于三层风险评价的干旱灾害风险调控理论和思路，是在区域干旱灾害的历史演变规律和未来演变趋势分析的基础上，并结合区域干旱灾害风险预估结果，从人口城市规模、产业结构调整、区域水资源承载能力、水利工程（群）建设、抗旱减灾能力提升、水土资源联合调配、灾害风险管理等方面进行调控，实现逐级降低区域干旱灾害风险。

（1）干旱灾害风险一次评价。一次风险评价的目的是充分暴露区域的干旱灾害风险。基于现状水利工程条件和未来气候变化影响，开展区域一次干旱灾害风险评价，全面暴露区域的干旱灾害风险，也是区域可能发生的最大风险，识别各高、中、低风险区的社会经济分布等，为风险调控目标制定提供依据。

（2）干旱灾害风险二次调控。二次调控的目的是通过区域自身干旱调控因子的调整与优化，降低区域干旱灾害风险。二次调控的主要风险因子包括：人口与 GDP 的增长速度和规模、种植规模、植被耐旱能力。通过在规划层面调整和控制产业布局和人口、城市发展规模、农业发展规模，调整和增加耐旱能力较强的人工植被面积与分布，在一定程度上降低干旱灾害的风险，实现基本满足社会经济发展目标的要求。

（3）干旱灾害风险三次调控。三次调控的目的是通过工程措施和非工程措施，全面提高区域干旱灾害风险应对能力。三次调控的主要风险因子包括：兴利库容、用水效率、干旱预警预报能力、应急调度等。主要通过提高灌区水资源利用效率、建设调水工程、修建水利工程、加强调度、管理和预警预报能力等，全面提升区域干旱灾害的防灾减灾能力，实现区域干旱灾害风险调控和应对。

　　三次、二次干旱灾害风险调控后的干旱灾害风险与一次干旱灾害风险评估结果之间的差即为各次的调控效果。基于干旱灾害孕育过程的三次风险调控示意图如图 2.4 所示。

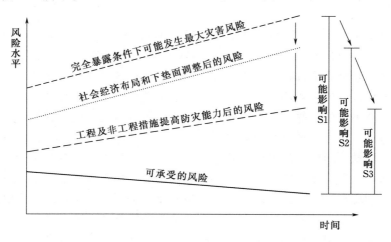

图 2.4　基于干旱灾害孕育过程的三层风险调控示意图

# 第3章 研究区概况

在干旱灾害风险评价及应对的理论技术与框架的基础上，选取滦河流域进行实证研究。本章将介绍滦河流域的自然地理、社会经济、水资源及供用水量，以及流域历史干旱情况。

## 3.1 自然地理

### 3.1.1 地理位置

滦河是中国华北地区第二大独立入海的河流，亦是海河流域四大水系之一，发源于河北省丰宁满族自治县西北巴颜屯图尔古山麓，自西北向东南经内蒙古高原，横穿燕山和冀东平原，于河北省乐亭县注入渤海湾，流经河北省、内蒙古自治区和辽宁省共27个县（市），干流全长888km（张利平等，2015）。滦河流域（见图3.1）位于海河流域北端，地理位置为北纬39°10′～42°30′和

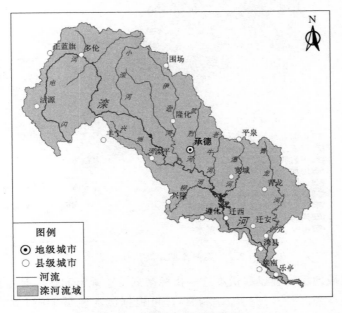

图3.1 滦河流域地理位置

东经 115°30′～119°15′，流域面积为 44750km² （曾思栋等，2014）。流域北部界线为苏克斜鲁山、七老图山、努鲁尔虎山及松岭，西邻拉木伦河、老哈河、大凌河、小凌河、洋河，西南界线为燕山山脉，毗邻潮白河和蓟运河，南临渤海。

### 3.1.2　地质地貌

　　滦河流域地处华北台地，属内蒙地轴东北部和燕山准地槽区，大地构造为阿尔比斯型褶皱构造。根据滦河流域地下水赋存条件和含水介质的孔隙特征，可按地下水划分为三大类：松散岩类孔隙含水岩组、碳酸盐岩类岩溶水含水岩组和基岩类裂隙水含水岩组（刘玉芬，2012），各类型地下水空间分布特征如表 3.1、图 3.2 所示。

表 3.1　　　　　　　　　滦河流域各类型地下水空间分布特征

| 类　型 | 主　要　分　布　地　区 |
| --- | --- |
| 松散岩类孔隙含水岩组 | 燕山山前平原、滨海平原、山间盆地、山丘河谷 |
| 碳酸盐岩类岩溶水含水岩组 | 迁西南部 |
| 基岩类裂隙水含水岩组 | 北部山丘地区 |

图 3.2　滦河流域水文地质示意图

　　滦河流域地貌类型以起伏度这一指标来划分。地形起伏度是指分析区域内最大与最小高程之差（包亮等，2004），可根据滦河流域 DEM 数据获取，如图 3.3（a）所示。按照表 3.2 中的标准（李炳元等，2008），可将滦河流域地

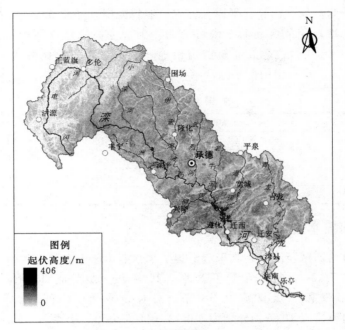

（a）起伏高度

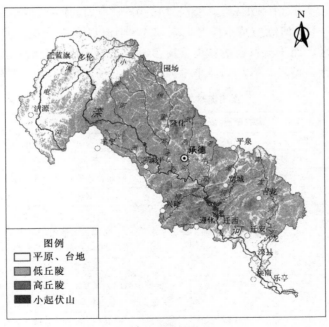

（b）地貌类型划分

图 3.3　滦河流域地形特征

貌类型划分为高原、山丘、平原三种主要地貌类型，见图3.3（b）。从图中可知，滦河流域地貌从西北向东南可分为：①坝上高原区（面积占比为16％，海拔1300～1800m）。②冀北及燕山山地丘陵区（面积占比约为70％，海拔300～1000m）。③燕山山前平原区（面积占比约为12％）三大片。

表3.2　　　　　　　　　　　　中 国 地 貌 基 本 形 态

| 起伏高度/m | 地貌类型 | 起伏高度/m | 地貌类型 |
|---|---|---|---|
| <30 | 平原、台地 | 500～1000 | 中起伏山 |
| 30～100 | 低丘陵 | 1000～2500 | 大起伏山 |
| 100～200 | 高丘陵 | >2500 | 极大起伏山 |
| 200～500 | 小起伏山 | | |

## 3.1.3　河流水系

滦河自河源区至渤海，其干流汇集了来自燕山、七老图山和阴山东端的众多支流，约有500条支流常年有水。其中，一级支流33条，总长度达2402km；二级和三级支流共48条，总长度达1522km。流域面积超过1000km²的河流有10条，分别为闪电河（4105km²）、小滦河（2050km²）、兴洲河（1970km²）、伊逊河（6750km²）、武烈河（2580km²）、老牛河（1680km²）、柳河（1020km²）、瀑河（1990km²）、洒河（1160km²）和青龙河（6340km²）。主要河流的基本情况见表3.3。干流以东较大支流多发源于长城南部的浅山区，而干流以西的较大支流多发源于燕山山前丘陵，前者具有山溪性河流的特性，后者具有半山溪半平原的特性。滦河流域水系见图3.4。

表3.3　　　　　　　　　滦河流域主要支流的基本情况

| 河流 | 河长/km | 流域面积/km² | 河　源 |
|---|---|---|---|
| 闪电河 | 126 | 4105 | 河北省丰宁县小梁山南麓 |
| 小滦河 | 133 | 2050 | 塞罕坝上老岭西麓 |
| 兴洲河 | 109 | 1970 | 河北省丰宁县化吉营乡冰郎山 |
| 伊逊河 | 203 | 6750 | 河北省围场县哈里哈老岭山麓 |
| 武烈河 | 96 | 2580 | 西源：敖包山西北麓<br>东源：七老图山东南麓<br>中源：敖包山东南麓 |
| 老牛河 | 75 | 1680 | 承德粗子沟分水岭 |
| 柳河 | 86 | 1020 | 承德市兴隆县南双洞乡八拨子岭西北麓二道沟 |
| 瀑河 | 114 | 1990 | 承德市平泉县石拉哈沟乡安杖子村七老图山南麓 |
| 洒河 | 89 | 1160 | 兴隆县章帽子山东八品沟 |
| 青龙河 | 246 | 6340 | 南源：河北省平泉县古山子乡<br>北源：辽宁省的抬头山乡五道梁子 |

图 3.4　滦河流域水系

## 3.1.4　气候水文

滦河流域位于中纬度欧亚大陆东岸，中上游地区（承德以北）属于亚干旱气候大区，下游地区（承德以南）属于亚湿润气候大区（见图 3.5）。流域具有四季分明、降水集中、雨热同期等特点。本书利用中国国家级地面气象站基本气象要素日值数据集（V3.0）对滦河流域降水、气温和蒸发等气象要素的变化特征进行分析，天然径流量的变化特征分析采用《全国水资源综合规划》中的数据（2000 年以前）和水文模型模拟的数据（2000 年以后）（气象水文数据来源及模型模拟结果评价详见第 4 章）。

（1）降水。滦河流域 1961—2011 年期间多年平均年降水量为 530mm，降水年内分配不均，78％左右的降水集中在 6—9 月份。其中，7—8 月份降水占年降水的 52％左右（见图 3.6）。空间上年降水量从西北向东南逐渐递增，坝上地区降水量较少，多年平均年降水量仅为 400mm 左右；下游迁西以南降水较为丰沛，多年平均降水量在 600mm 以上［见图 3.7（a）］。近 50 年来，滦河流域年降水量整体上呈现出减少的趋势，变化率为－10.6mm/10a（见图 3.8），其中，滦河下游地区，如遵化、迁西、迁安、滦县、乐亭等，降水减幅较大，其变化率达－20mm/10a［见图 3.7（b）］。从年代变化来看，整体上表

图 3.5 滦河流域气候区分布

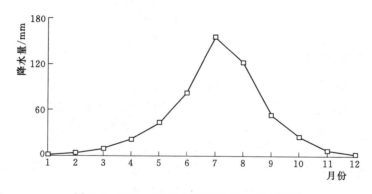

图 3.6 1961—2011 年滦河流域月降水过程

现出"减—增—减"的特点。2000 年以来，降水量减少明显，2001—2011 年期间多年平均降水量为 489mm，与 2000 年以前的多年平均水平（541mm）相比减少了 9.6％，与降水丰沛的时段（1960s 和 1990s，年降水量为 547.7mm、547.8mm）相比减少了 10.8％（见图 3.8）。

（2）气温。滦河流域 1961—2011 年期间年均气温为 5.6℃，其中，6—8 月份平均气温在 18℃以上（见图 3.9）。空间上气温由东南向西北递减，下游地区年均气温在 8℃以上，上游坝上地区年均气温普遍在 3℃左右［见图 3.10 （a）］。近 50 年来，滦河流域年均气温波动上升，1961—2011 年期间，年均气

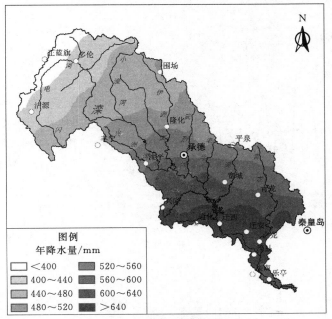

（a）多年平均降水量

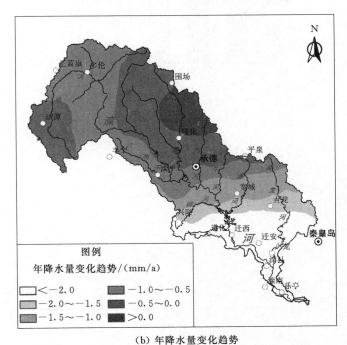

（b）年降水量变化趋势

图 3.7　1961—2011 年滦河流域降水量空间特征

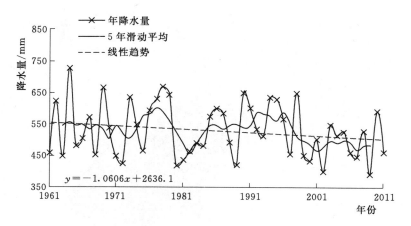

（a）年际变化

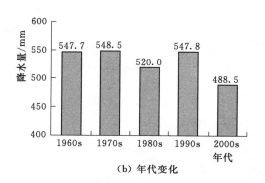

（b）年代变化

图 3.8　1961—2011 年滦河流域年降水量变化

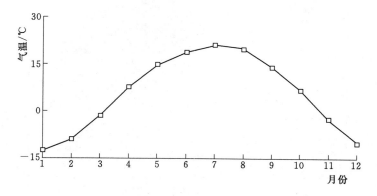

图 3.9　1961—2011 年滦河流域月气温过程

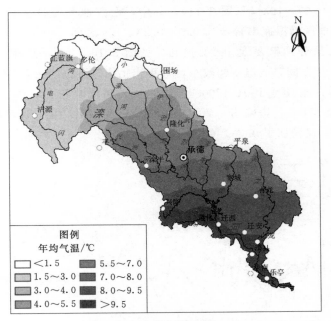

（a）多年平均气温

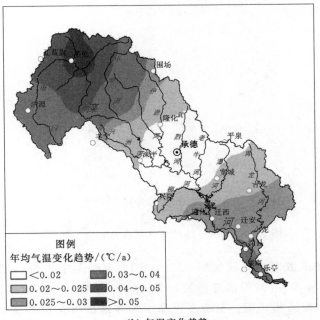

（b）气温变化趋势

图 3.10　1961—2011 年滦河流域气温空间特征

温变化率为 0.3℃/10a（见图 3.11），其中，上游地区增温速率在 0.3℃/10a 以上，下游地区增温速率普遍在 0.3～0.4℃/10a 之间，中游地区增温速率相对较小，大部分地区不足 0.2℃/10a［见图 3.10（b）］。从年代变化来看，1961—1990 年期间，气温变幅较小，各年代年均气温稳定在 5.2℃左右，但自 1990 年以后，尤其是 1991—2000 年期间，气温增幅较大，由 1980s 期间的 5.3℃上升至 6.0℃，增幅达 0.7℃，而在 2000 年以后，温升速率减缓，2000s 相对于 1990s 仅增加了 0.2℃（见图 3.11）。

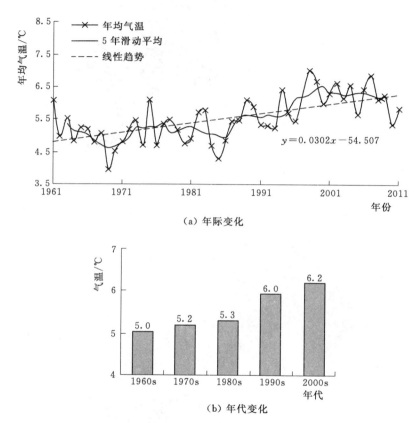

（a）年际变化

（b）年代变化

图 3.11  1961—2011 年滦河流域年均气温变化

（3）潜在蒸散发。滦河流域 1961—2011 年期间多年平均潜在蒸散发为 975mm，其中，5—8 月份潜在蒸发量最大，占全年的 44%（见图 3.12）。流域潜在蒸发由南向北递减，上游多伦和围场等地区潜在蒸发在 960mm 以下，相对较低；下游平原区潜在蒸发量较大，一般在 980mm 以上，见图 3.13（a）。近 50 年来，滦河流域潜在蒸散发呈现出减少的趋势，变化率为

－9.2mm/10a，其中，承德以北的中上游地区减幅相对较大，大部分地区变化率在－15mm/10a 以上，而下游地区潜在蒸散发的变化率并不大，一般在－5mm/10a 左右，见图 3.13（b）。从年代变化来看，滦河流域潜在蒸散发呈现出先减后增的态势，1960s 期间潜在蒸散发为 1001.9mm，到 1990s 仅为945.4mm，减少了 5.6%，但 2000 年以后有所回升，2000s 期间多年平均潜在蒸散发为 977.0mm，相对于 1990s 而言增加了 3.3%（见图 3.14）。

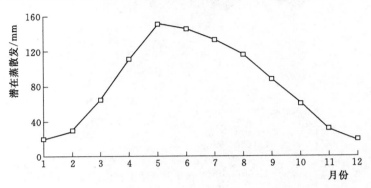

图 3.12　1961—2011 年滦河流域潜在月蒸散发过程

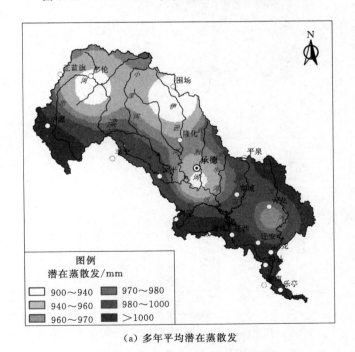

（a）多年平均潜在蒸散发

图 3.13（一）　1961—2011 年滦河流域潜在蒸散发空间特征

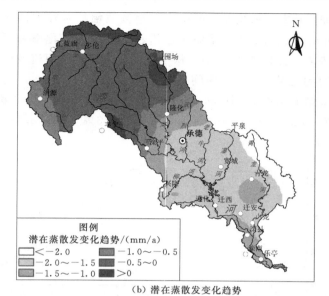

（b）潜在蒸散发变化趋势

图 3.13（二）　1961—2011 年滦河流域潜在蒸散发空间特征

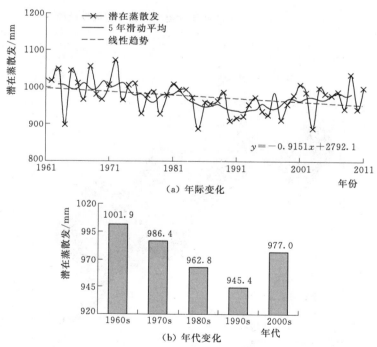

（a）年际变化

（b）年代变化

图 3.14　1961—2011 年滦河流域潜在蒸散发变化

　　（4）天然径流量。滦河流域下游滦县站控制面积为 44100km²，约占全流域的 98.6%，因此该站天然径流的变化特征能反映全流域的特征。滦县站

1961—2011 年天然径流量序列中，1961—2000 年天然径流量来源于《全国水资源综合规划》，2001—2011 年的天然径流量是 SWAT 模型模拟结果（详见第 4 章）。对该序列进行分析可知，滦县站 1961—2011 年期间多年平均天然径流量为 37.9 亿 $m^3$，其中 7—8 月天然径流量占全年的 56%（见图 3.15）。近50 年来，滦县站天然径流量呈现出减少的趋势，1961—2011 年期间，天然径流量变化率为 $-4.3$ 亿 $m^3/10a$，见图 3.16（a）。从年代变化来看，天然径流

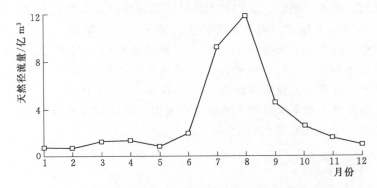

图 3.15 1961—2011 年滦河流域天然月径流过程

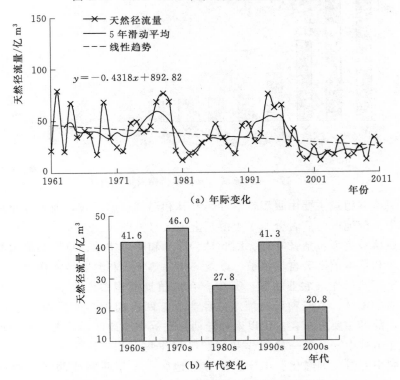

图 3.16 1961—2011 年滦河流域天然径流变化

量变化波动较大，呈现出"增—减—增—减"的特点，20 世纪 60 年代、70 年代和 90 年代天然径流量相对较大，年代均值均在 40 亿 m³ 以上，而 20 世纪 80 年代和 2000—2009 年均值较低，不足 30 亿 m³，尤其是 2000 年以后，仅为多年平均值的 55％。

### 3.1.5　土壤植被

在气候、地质、地貌、生物和水热等陆面过程以及人类活动的影响下，滦河流域主要形成了棕壤、褐土、栗钙土、潮土、灰色森林土、粗骨土、草甸土、风沙土、冲积土、石质土、沼泽土、黑钙土和盐土共 13 类土壤。其中，棕壤和褐土分布范围最广，分别占全流域面积的 29.3％和 27.8％，其次为栗钙土和潮土，分别占全流域面积的 14.6％和 8.9％（见图 3.17）。上游内蒙古高原地区以栗钙土和草原风沙土为主，中游山丘区以棕壤和褐土为主，下游平原地区以潮土为主（见图 3.18）。

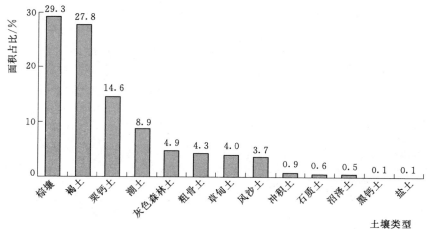

图 3.17　滦河流域主要土壤类型及面积占比

滦河流域植被主要由暖温带落叶阔叶林和温带草原组成，前者分布在多伦以南的中下游地区，后者分布于上游坝上地区（见图 3.19）。

主要植被类型包括针叶林、阔叶林、灌丛和萌生矮林、草原和稀树灌木草原、草甸和草本沼泽等自然植被，以及一年一熟粮作和耐寒经济作物、一年两熟或两年三熟旱作等农业植被。其中，自然植被面积占比为 76.1％，主要以灌丛和萌生矮林、草原和稀树灌木草原为主，两者面积占比分别为 41.6％和 22.3％，前者主要分布在多伦以南和迁西以北等中游地区，后者主要分布在多伦。农业植被中，一年一熟粮作和耐寒经济作物面积占比为 10.5％，主要分布在流域中上游，如隆化、丰宁、沽源等地区；一年两熟或两年三熟旱作为 13.1％，主要分布在流域中下游，如承德、迁安、滦南、乐亭等地区（见图

3.20 和图 3.21)。

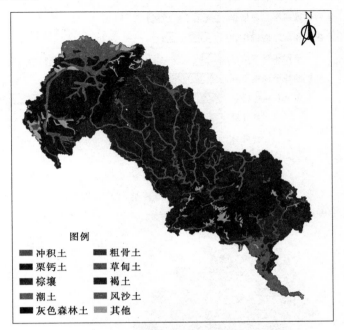

图 3.18 滦河流域土壤分布

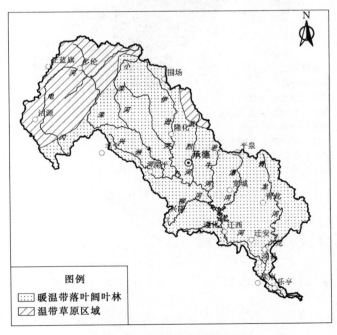

图 3.19 滦河流域植被区划

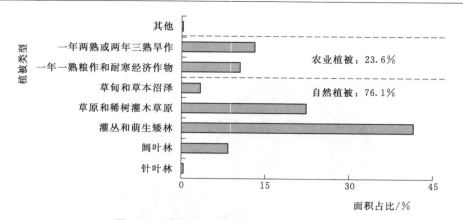

图 3.20　滦河流域主要植被类型及面积占比

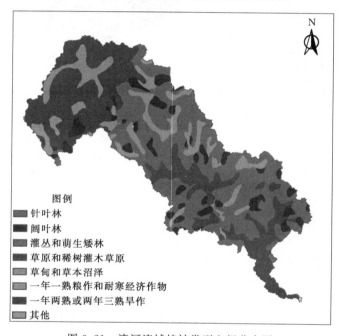

图 3.21　滦河流域植被类型空间分布图

## 3.2　社会经济与水利工程

### 3.2.1　行政分区

滦河流域地跨河北省、内蒙古自治区和辽宁省,涉及的三个省区面积分别为 36752.1km² 、7155.4km² 和 1615.0km² 。流域内约 80% 的面积位于河北省，主要包括围场县、隆化县、丰宁县、承德市（县）、青龙县等共计 19 个市县；内蒙古自治区有多伦县、正蓝旗、太仆寺旗、克什克腾旗共计 4 个县（市）位于滦河流域；辽宁省仅有凌源市和建昌县的部分地区在滦河流域。三省共计 25 个县（市），所涉及的面积如表 3.4 所示。

表 3.4                                     滦河流域内各市县面积

| 河 北 省 | | | | 内蒙古自治区 | | 辽宁省 | |
|---|---|---|---|---|---|---|---|
| 县（市） | 面积/km² | 县（市） | 面积/km² | 县（市） | 面积/km² | 县（市） | 面积/km² |
| 围场县 | 6193.7 | 迁西县 | 1130.1 | 克什克腾旗 | 435.1 | 凌源市 | 1394.7 |
| 隆化县 | 5443.4 | 迁安市 | 851.7 | 正蓝旗 | 2305.3 | 建昌县 | 220.3 |
| 丰宁县 | 4572.2 | 承德市 | 659.0 | 多伦县 | 3879.4 | | |
| 承德县 | 4040.0 | 卢龙县 | 405.6 | 太仆寺旗 | 535.6 | | |
| 青龙县 | 3281.9 | 昌黎县 | 314.1 | | | | |
| 兴隆县 | 1982.1 | 滦县 | 243.9 | | | | |
| 平泉县 | 1952.9 | 乐亭县 | 130.0 | | | | |
| 宽城县 | 1937.4 | 滦南县 | 53.7 | | | | |
| 滦平县 | 1776.7 | 遵化市 | 39.5 | | | | |
| 沽源县 | 1744.2 | | | | | | |
| | 共计：36752.1km² | | | 共计：7155.4km² | | 共计：1615.0km² | |

## 3.2.2  人口和社会经济发展情况

中国科学院资源环境科学数据中心建立的中国 1km 格网人口和 GDP 数据表明：①2010 年滦河流域平均人口密度为 122 人/km²，与全国平均人口密度（140 人/km²）大体相当。流域内人口总数达 544.42 万人，但各地区人口分布不均，人口密度相对较大的地市主要有中游地区的承德市，下游平原地区的迁西县、迁安市、卢龙县、滦县、昌黎县和乐亭县，平均人口密度在 250 人/km²以上；上游地区的多伦县、正蓝旗和丰宁县则不到 50 人/km²，见图 3.22（a）。②2010 年滦河流域平均 GDP 密度为 386 万元/km²，全流域 GDP 为1727.35 亿元，但区域间发展不平衡，空间分布特征与人口基本一致，上游地区 GDP 密度较低，如正蓝旗、多伦县等均不到 80 万元/km²；中游围场、隆化地区能达到 120 万～300 万元/km²，承德市为中游地区 GDP 密度最高的城市，平均 GDP 密度达到 3000 万元/km²以上；下游平原地区（如迁西、滦县等）平均 GDP 密度普遍在 1000 万元/km²以上，见图 3.22（b）。

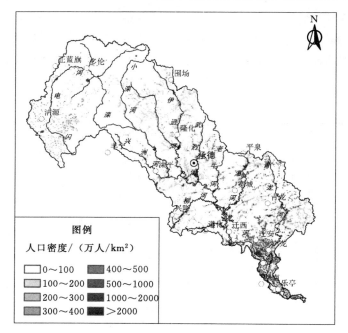

（a）人口密度分布

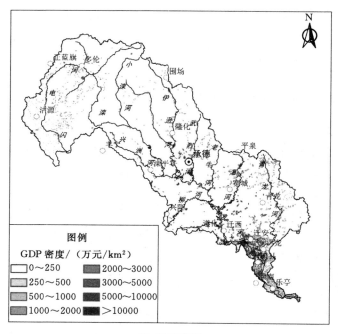

（b）GDP 密度

图 3.22 滦河流域 2010 年社会经济空间特征

### 3.2.3　水利工程

滦河流域水库较多，其中，闪电河水库、双峰寺水库（在建）、庙宫水库等位于流域上游；桃林口水库、潘家口水库、大黑汀水库等大型水库位于流域下游，且这3个水库控制了全流域90%的面积。各水库的概况见表3.5，其中，庙宫水库、双峰寺水库、潘家口水库、大黑汀水库、桃林口水库通过引滦入津（223km）、引滦入唐（53km）工程与于桥水库（天津市）、陡河水库（唐山市）、邱庄水库（唐山市）相连（见图3.23）。

表3.5　　　　　　　　　　滦河流域主要水库特征参数

| 水库名称 | 闪电河水库 | 庙宫水库 | 桃林口水库 | 潘家口水库 | 大黑汀水库 | 双峰寺水库 |
|---|---|---|---|---|---|---|
| 所在地 | 平定堡镇 | 四道沟乡 | 官场乡 | 洒河桥镇 | 兴城镇 | 双峰寺镇 |
| 建成年月 | 1971年12月 | 1962年7月 | 1998年12月 | 1982年12月 | 1986年12月 | 在建 |
| 工程规模 | Ⅲ | Ⅱ | Ⅱ | Ⅰ | Ⅱ | Ⅱ |
| 设计洪水位/m | 102.57 | 779.88 | 143.4 | 224.5 | 133 | 392.5 |
| 总库容/万 m³ | 3433 | 18300 | 85900 | 293000 | 33700 | 13700 |
| 调洪库容/万 m³ | 2641 | 4460 | | 97000 | 15200 | 4690 |
| 正常蓄水位/m | 101.72 | 778.2 | 143.4 | 222 | 133 | 389 |
| 校核洪水位/m | 104.12 | 785.7 | 144.32 | 227 | 138.5 | 395.11 |
| 兴利库容/万 m³ | 1538 | 2420 | 70900 | 195000 | 20700 | 4500 |
| 防洪限制水位/m | 100 | 768 | | 216 | 133 | |
| 死水位/m | 97.7 | 768 | 104 | 180 | 121.5 | 382 |
| 死库容/万 m³ | 122 | 40 | 5110 | 42000 | 11300 | 1700 |

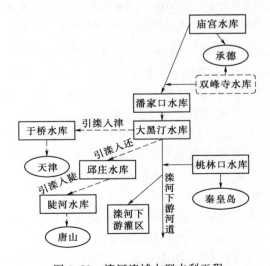

图3.23　滦河流域大型水利工程

## 3.3　水资源现状与历史干旱事件

### 3.3.1　水资源量及供用水关系

（1）水资源量。根据 2000—2013 年《海河流域水资源公报》的统计结果，滦河流域多年平均水资源总量为 41.7 亿 m³，其中，地表水资源量为 26.8 亿 m³。2010 年以来，水资源总量高于多年平均水平，2010—2013 年水资源总量均在 45 亿 m³，尤其是 2012 年，水资源总量高达 90.3 亿 m³，是多年平均值的 2 倍多（见图 3.24）。

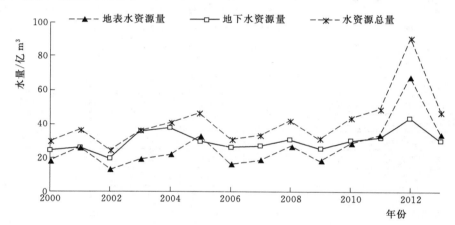

图 3.24　2000—2013 年滦河流域水资源量变化

注：《海河流域水资源公报》中是按水资源二级区统计，滦河流域包括下游冀东沿海地区，与本书中的滦河流域略有差异，下同。

（2）供用水量及其结构。2000—2013 年滦河流域多年平均总供水量为 37.1 亿 m³，其中，地表水源供水量占 35.3%，为 13.1 亿 m³；地下水源供水量占 63.6%，为 23.6 亿 m³；其他水源供水量占 0.8%，为 0.3 亿 m³。2000—2013 年间流域历年供水组成情况如图 3.25 所示。从供水结构来看，地表水源供水量呈现出增加的趋势，而地下水源供水量则表现出缓慢减少的趋势，2010 年以前，地表水源供水量与地下水源供水量比例为 0.53∶1，2010 年以后，该比例上升至 0.60∶1，其他水源由于供水量较小，不超过 1.3%，因此供水比例变化不显著。

2000—2013 年滦河流域多年平均总用水量为 37.1 亿 m³，其中，农业用水量为 24.7 亿 m³，占 66.6%；工业用水量为 6.9 亿 m³，占 18.6%；生活用水量为 5.2 亿 m³，占 14.0%；生态环境（仅为城镇环境和河湖补水）用水量

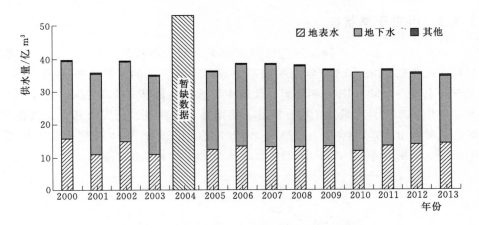

图 3.25　2000—2013 年滦河流域供水量变化

为 0.3 亿 m³，占 0.8％。2000—2013 年间流域历年用水组成情况如图 3.26 所示。从用水结构变化来看，农业用水比例由 71.9％（2000 年）下降至 60.2％（2013 年）；工业用水比例由 14.3％（2000 年）上升至 21.1％（2013 年）；生活用水由 13.8％（2000 年）上升至 16.9％（2013 年）。

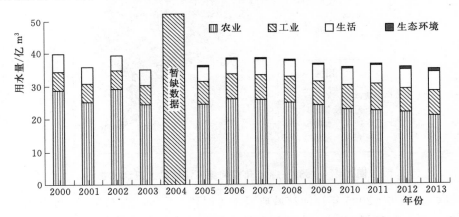

图 3.26　2000—2013 年滦河流域用水量变化

（3）开发利用程度。滦河流域地表水和地下水开发利用程度分别为 36.4％和 90％（田建平等，2011）。由于区域水资源禀赋条件、社会经济发展以及水利基础设施不同，流域水资源开发利用程度存在空间上的差异性。滦河上游地区地表水资源相对丰富，但受水利工程调蓄能力的限制，上游地区地表水开发利用程度较低，下游地区水资源开发利用程度相对较高，地表水开发利用率达 52.5％，地下水开发利用率更是高达 144％。

### 3.3.2　历史干旱状况

（1）1689—1870 年间滦河流域旱灾频率空间分布特征。地方志、史书等资料中记载的 1689—1870 年期间滦河流域各市县发生的干旱次数见图 3.27。从空间上看，1689—1870 年期间，滦河中下游地区是旱灾的高发区：卢龙县 9次、遵化县 8 次、赤城县 7 次，滦县、滦南县、迁西县、迁安市和青龙县各 5次；从时间上看，1716 年、1723 年、1724 年、1735 年和 1835 年发生干旱范围最广，分别有 10 个、11 个、16 个、14 个和 7 个县发生了旱灾。

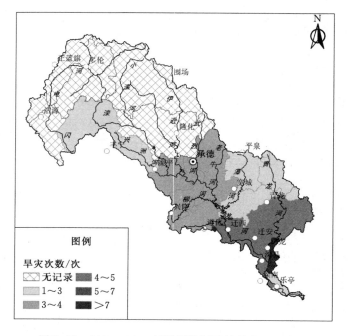

图 3.27　1689—1870 年期间滦河流域旱灾记录次数

（2）1870—2005 年滦河流域典型干旱时段。Cook 等（2010）利用 327 个树轮年表，重建了 1300—2005 年亚洲地区 532 个格点的夏季帕尔默干旱指数，称为亚洲季风区干旱图集（Monsoon Asia Drought Atlas，MADA - PDSI）。此处利用 MADA - PDSI 数据重点对 1870—2005 年滦河流域干旱变化特征进行分析。其中，涉及滦河流域的格点有 3 个（见图 3.28），分别为 A（116.25°E，41.25°N）、B（118.75°E，41.25°N）和 C（118.75°E，38.75°N）。1870—2005 年间，该 3 个格点 PDSI 指数变化如图 3.29 所示。通过该套数据集，识别出滦河流域在 19 世纪 70 年代、19 世纪 80 年代初期、20 世纪 00 年代、20世纪 10 年代初期、20 世纪 20 年代末期、20 世纪 30 年代、20 世纪 40 年代、

图 3.28　滦河流域涉及的格点

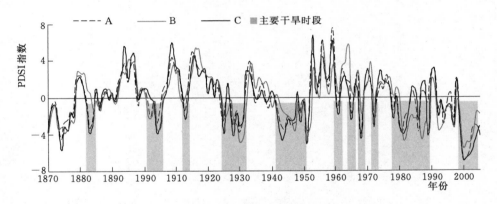

图 3.29　1870—2005 年滦河流域 PDSI 干旱指数

20 世纪 60 年代部分年份、20 世纪 80 年代和 21 世纪第一个 10 年属于偏干时期。其中，与历史资料记载较为吻合的干旱时段有：①1870 年，滦县、卢龙春大旱。遵化入夏雨少，亢旱。②1875 年，滦县夏大旱，秋麦多枯死，冬无雪。卢龙夏五月至六月无雨，大旱，人多渴死。迁安夏大旱，禾苗而不秀。③1930 年，滦县自春到七月干旱异常，北宁路附近旱，未种地十分之三四。昌黎自春至夏旱，青苗黄，树多枯死。丰润麦苗枯槁。遵化县苦旱已久，禾苗枯槁。④1939 年，唐山市春雨少，播种不及半数。秦皇岛市春苦旱无雨，六月始雨，夏又旱魃为虐。迁安自春至夏六月无雨。遵化春亢旱异常，六月始雨透，近月余无雨，秋旱。乐亭春旱，苗枯槁。⑤1942 年，滦县春亢旱，禾苗均呈枯萎状。卢龙县去冬雪少，田干燥。⑥1943 年锡盟多伦夏旱。⑦1948 年，唐山市四月以来未下透雨异常旱，小麦无法播种。滦县二月至四月缺雨，四月八日，降细雨普遍。麦田受益良多。入秋雨较少，秋麦多未播种，来年麦收无望。⑧1972 年，承德地区春夏连旱，受灾面积 286 万亩，成灾 235 万亩。⑨1980—1984 年，承德地区成灾面积累计 953 万亩。⑩1997—2005 年，连续干旱。

## 3.4　小结

本章从自然地理、社会经济、水资源现状以及历史旱情 4 个方面系统地介绍了滦河流域的整体情况。滦河流域水资源量整体较为丰沛，但水资源年内分配不均，52％的降水和 56％的径流集中在 7—8 月份。近 50 年来，滦河流域年降水量和天然径流量整体上呈现出减少的趋势；但随着社会经济发展的加剧，水资源的需求量却日益增加，因此，流域内干旱形势日趋严峻。

# 第 4 章　滦河流域供水量和需水量分析

## 4.1　供水量和需水量计算总体思路

　　滦河流域供水量与需水量之间的平衡关系是评价干旱等级的关键，本书的研究中对于供水量和需水量的获取采用图 4.1 所示的方式。其中，供水量主要来源是土壤水、地表径流、地下径流。鉴于当前的检测手段难以提供连续的、长系列的径流和土壤数据，尤其是后者，本书的研究构建滦河流域 SWAT 模型对其进行模拟（详见本章 4.2～4.3 节）；供水量认为是耕地、林草地、城镇和建设用地需水量之和。由于滦河流域内，耕地和林草地面积占比达 93.3%，因此本书的研究主要考虑耕地和林草地上的需水（详见本章 4.4～4.5 节）；对

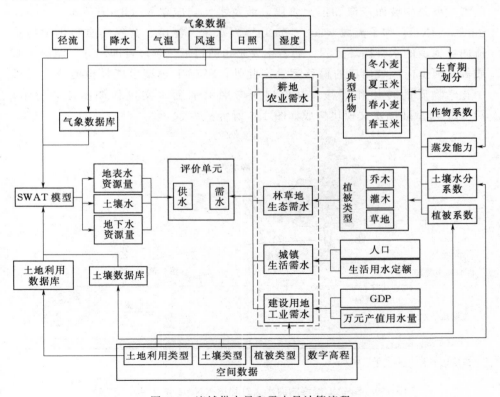

图 4.1　流域供水量和需水量计算流程

于城镇和建设用地上的需水采用简单的方式近似估算得到（详见本章 4.6 节）。

## 4.2　SWAT 模型及其输入数据格式化处理

### 4.2.1　SWAT 模型简介

SWAT（soil and water assessment tool）（Arnold et al.，1998）模型是美国农业部（United States Department of Agriculture，USDA）农业研究中心（Agricultural Research Service，ARS）开发的流域尺度的分布式水文模型，旨在模拟和研究复杂流域内的水土资源管理措施对水、泥沙和化学污染物的影响。该模型自 20 世纪 90 年代早期推出以来，经历了 SWAT94.2、SWAT96.2、SWAT99.2、SWAT2000、SWAT2003、SWAT2005 共 7 个版本的发展，形成了 Visual Basic、GRASS 和 ArcView 3 种界面，目前已广泛应用于流域管理和水资源决策等领域。

SWAT 模型对水文过程的模拟可分为陆面水循环和水面水循环两个部分，前者主要是指坡面产流和汇流阶段，涉及水文响应单元（hydrologic research units，HRU）和子流域（sub‐basin）内水量、泥沙、营养物质和化学物质流向主河道的水分循环过程；后者主要是指河道汇流阶段，即水分、泥沙等物质等从河道向流域出口的输移运动。此外，SWAT 模型也能模拟河流、河床中化学物质的转化和迁移。该模型所考虑的陆面水文过程如图 4.2 所示，SWAT 模型陆面水文模块构成如图 4.3 所示。

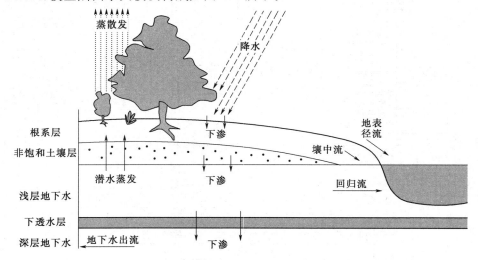

图 4.2　SWAT 模型陆面水文过程图（Neitsch et al.，2005）

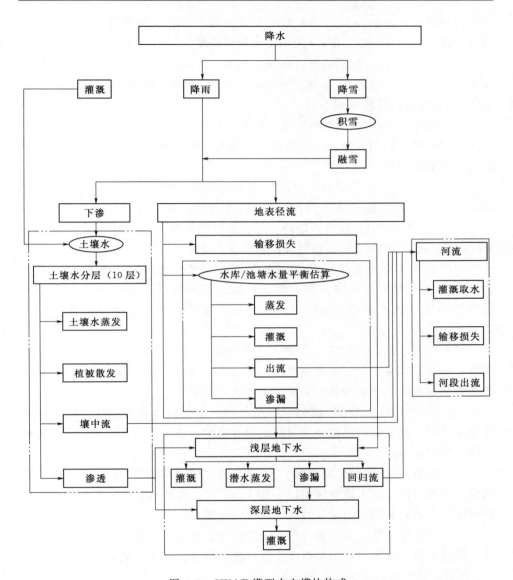

图 4.3 SWAT 模型水文模块构成

SWAT 模型所模拟的水循环过程遵循水量平衡方程

$$SW_t = SW_0 + \sum_{i=0}^{t} (R_{day} - Q_{surf} - E_a - \omega_{seep} - Q_{gw}) \qquad (4.1)$$

式中：$SW_t$ 为第 $i$ 天的最终含水量，mm；$SW_0$ 为第 $i$ 天的初始含水量，mm；$t$ 为以天来计的时间步长；$R_{day}$、$Q_{surf}$ 和 $E_a$ 分别为第 $i$ 天的降水量、地表径流量和蒸发蒸腾量，mm；$\omega_{seep}$ 为第 $i$ 天由土壤表面入渗到非饱和带的水量（渗透量和侧流量），mm；$Q_{gw}$ 为第 $i$ 天地下水回归流量，mm。

SWAT 模型的主要组成部分包括：气象、水文、泥沙、土壤温度、植被生长、营养成分、农药/杀虫剂、土地管理、产流演算和汇流演算等（郝芳华，2006）。各部分的计算原理如下。

（1）气象。SWAT 需要的气象数据为逐日降水量、最高气温、最低气温、太阳辐射、风速和相对湿度。模型可直接读入实测气象数据，也可由天气发生器填补缺测的数据。

（2）水文。SWAT 对任一 HRU 上的水分运动模拟包括：冠层截留、入渗、土壤水再分配、蒸发（腾）、土壤水分侧向流、地表径流、基流等。

（3）泥沙。SWAT 模型采用修正的土壤侵蚀方程（modified universal soil loss equation，MUSLE）模拟侵蚀量和泥沙负荷量。

（4）土壤温度。土壤温度分为土壤表面温度和土壤层中心温度，前者为地表覆盖的积雪、植物、残留物、裸露土壤表面温度和前一天土壤表面温度的函数，后者通过平均气温、距离表层土的深度、土壤阻尼深度等来计算。

（5）植被生长。SWAT 模型用单一的植被生长模型模拟所有的植被覆盖类型，该模型以温度为主要控制条件，区分单年生或多年生植物，并模拟水分和养分从根系层的迁移转化、蒸腾及生物的生物量等。

（6）营养成分。SWAT 模型可模拟不同形态的氮元素和磷元素的迁移和变化，其中，氮元素的模拟分为溶解态氮和吸附态氮，磷元素的模拟分为溶解态磷和吸附态磷。

（7）农药/杀虫剂和土地管理。SWAT 模型中的 GLEAMS 模型可用于农药或杀虫剂的模拟，土地管理则以 HRU 为单位，涉及的管理措施有：植被生长周期、化肥农药的施用量和时间、耕作时间等。

（8）产汇流计算。水文循环产流阶段的计算包括地表径流、土壤水、地下水、蒸散发量 4 个方面；水文循环汇流阶段的计算包括子流域汇流和水库汇流 2 个方面，相关公式见表 4.1。

表 4.1　　　　　　　　　SWAT 模型产汇流过程计算公式

| 水文过程 | 方法 | 公式 | 参数 |
|---|---|---|---|
| 地表径流 | SCS 曲线数方法 | $Q_{surf} = \dfrac{(R_{day} - I_a)^2}{R_{day} - I_a + S}$ $S = 25.4\left(\dfrac{1000}{CN} - 10\right)$ | $R_{day}$ 为日降水量，mm；$S$ 为截流量，mm；$I_a$ 为初损量，mm；$CN$ 为曲线数 |

| 水文过程 | 方法 | 公　式 | 参　　数 |
|---|---|---|---|
| 蒸散发 | Penman - Monteith | $\lambda E = \dfrac{\Delta(H_{net} - G) + \rho_{air} \cdot c_p \cdot (e_z^0 - e_z)/r_a}{\Delta + \gamma \cdot (1 + r_c/r_a)}$ | $\lambda E$ 为潜热通量，$MJ/(m^2 \cdot d)$；<br>$\Delta$ 为饱和水汽压－温度曲线斜率，$de/dT$，$kPa/℃$；<br>$H_{net}$ 为净辐射，$MJ/(m^2 \cdot d)$；<br>$G$ 为土壤热通量，$MJ/(m^2 \cdot d)$；<br>$\rho_{air}$ 为空气密度，$kg/m^3$；<br>$c_p$ 为固定压强下的比热，$MJ/(kg \cdot ℃)$；<br>$e_z^0$ 为高度 $z$ 处 $d$ 的饱和水汽压，$kPa$；<br>$e_z$ 为高度 $z$ 处的水汽压，$kPa$；<br>$\gamma$ 为干湿计常数，$kPa/℃$；<br>$r_a$ 为空气层弥散阻抗（空气动力学阻抗），$s/m$；<br>$r_c$ 为植被冠层阻抗，$s/m$ |
| 蒸散发 | Priestley - Taylor | $\lambda E_0 = \alpha_{pet} \cdot \dfrac{\Delta}{\Delta + \gamma} \cdot (H_{net} - G)$ | $\lambda$ 为蒸发潜热，$MJ/kg$；<br>$E_0$ 为潜在蒸散发量，$mm/d$；<br>$\alpha_{pet}$ 为系数；<br>$\Delta$、$\gamma$、$H_{net}$、$G$ 同上 |
| 蒸散发 | Hargreaves | $\lambda E_0 = 0.0023 \cdot H_0 \cdot (T_{max} - T_{min})^{0.5}$<br>$\cdot (T_{mean} + 17.8)$ | $\lambda$、$E_0$ 同上；<br>$H_0$ 为地外辐射，$MJ/(m^2 \cdot d)$；<br>$T_{max}$ 为日最高气温，$℃$；<br>$T_{min}$ 为日最低气温，$℃$；<br>$T_{mean}$ 为日平均气温，$℃$ |
| 土壤水 | 运动储蓄模型 | $Q_{lat} = 0.024 \left( \dfrac{2SW_{ly,excess} \cdot K_{sat} \cdot slp}{\Phi_d \cdot L_{hill}} \right)$ | $Q_{lat}$ 为山坡出口断面侧向流量，$mm$；<br>$SW_{ly,excess}$ 为土壤饱和区可以流出的水量，$mm$；<br>$K_{sat}$ 为土壤饱和导水率，$mm/h$；<br>$slp$ 为山坡的坡度，$m/m$；<br>$\Phi_d$ 为土壤层可出流的总空隙度；<br>$L_{hill}$ 为山坡的坡长，$m$ |
| 地下水 | | $Q_{gw,i} = Q_{gw,i-1} \cdot \exp(-\alpha_{gw} \cdot \Delta t) + \omega_{rchrg}$<br>$\cdot [1 - \exp(-\alpha_{gw} \cdot \Delta t)]$ | $Q_{gw,i}$ 为第 $i$ 天地下水补给量，$mm$；<br>$Q_{gw,i-1}$ 为第 $(i-1)$ 天地下水补给量，$mm$；<br>$\alpha_{gw}$ 为基流的退水系数；<br>$\Delta t$ 为时间步长，$d$；<br>$\omega_{rchrg}$ 为第 $i$ 天含水层补给量，$mm$ |

续表

| 水文过程 | 方法 | 公　式 | 参　数 |
|---|---|---|---|
| 子流域汇流 | 曼宁公式 | 河道汇流时间：$ct = \dfrac{0.62L \cdot n^{0.75}}{A^{0.125} \cdot cs^{0.375}}$<br>坡面汇流时间：$ot = \dfrac{0.0556(sl \cdot n)^{0.6}}{S^{0.3}}$<br>汇流量：$q_{ch} = \dfrac{A_{ch} \cdot R_{ch}^{2/3} \cdot slp_{ch}^{1/2}}{n}$<br>汇流速度：$v_c = \dfrac{R_{ch}^{2/3} \cdot slp_{ch}^{1/2}}{n}$ | $ct$ 为河道汇流时间，h；<br>$L$ 为河道长度，km；<br>$n$ 为河道曼宁系数；<br>$A$ 为单个 HRU 的面积，$km^2$；<br>$cs$ 为河道坡度，m/m；<br>$ot$ 为坡面汇流时间，h；<br>$sl$ 为子流域平均坡长，m；<br>$n$ 为 HRU 坡面曼宁粗糙系数；<br>$S$ 为坡面坡度，m/m；<br>$q_{ch}$ 为河道中的流量，$m^3/s$；<br>$A_{ch}$ 为河道断面的面积，$m^2$；<br>$R_{ch}$ 为某深度下的水力半径，m；<br>$slp_{ch}$ 为河道的坡度，m/m；<br>$n$ 为河道的曼宁粗糙系数；<br>$v_c$ 为流速，m/s |
| 水库汇流 | 马斯京根法 | — | — |

## 4.2.2　SWAT 模型数据库构建

SWAT 模型的输入数据有地形、土壤、土地利用和气象水文 4 大类，各部分数据来源如表 4.2 所列。

表 4.2　　　　　　　　　　输入数据类型及主要来源

| 数据类型 | 数据名称 | 数据来源 |
|---|---|---|
| 地形 | 数字高程模型（DEM） | 美国太空总署（NASA）和国防部国家测绘局（NIMA）联合测量的 STRM 数据（http://srtm.csi.cgiar.org/index.asp） |
| 土壤 | 中国土壤数据库 | 由南京土壤所主持研究项目获取的数据以及中国生态系统研究网络陆地生态站部分监测数据为数据来源（http://www.soil.csdb.cn） |
| | 1：100 万中国土壤数据库（grid 栅格格式） | 第二次全国土地调查 |
| 土地利用 | 1985 年、2000 年和 2014 年土地利用数据 | 中国科学院资源环境科学数据中心（http://www.resdc.cn） |
| 气象水文 | 中国国家级地面气象站基本气象要素日值数据集（V3.0） | 中国气象数据网（http://data.cma.cn） |

（1）数字高程信息。本书研究所选用的 DEM 数据源于 SRTM（shuttle radar topography mission）数据集（Bamler，1999）。该数据集是 2000 年 2 月 11 日至 22 日期间，美国奋进号航天飞机用雷达测图技术获取的数字地表高程模型（DSM），涉及地表范围为 N60°～S56°（占陆地地表面积的 80%）。SRTM 的 DSM 成果有 3 种分辨率：SRTM1（1″×1″）、SRTM3（3″×3″）和 SRTM30（30″×30″）。目前应用最为广泛的为 SRTM3 数据（陈俊勇，2005），其基本信息见表 4.3。经投影处理后的滦河流域 DEM 如图 4.4 所示。

表 4.3　　　　　　　　　　　SRTM3 数据的基准和精度

| 高程基准 | 平面基准 | 标称绝对高程精度 | 标称绝对平面精度 |
|---|---|---|---|
| EGM96 的大地水准面 | WGS84 | ±16m | ±20m |

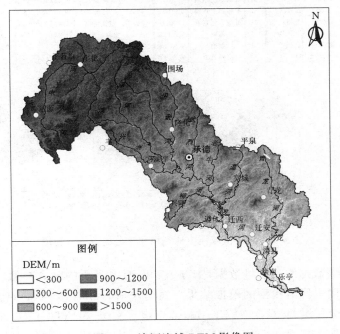

图 4.4　滦河流域 DEM 影像图

（2）土地利用数据库。本书的研究所选用的滦河流域土地利用数据共有 3 期，分别为 1985 年、2000 年和 2014 年。其中，1985 年和 2000 年 2 期土地利用用于滦河流域 SWAT 模型参数的率定和验证，2014 年土地利用主要用于未来水循环过程中各要素的预估（详见第 6 章）。数据来源于中国科学院资源环境科学数据中心，以 TM 影像为解译基础制作生成，精度为 30m（近似 1：10 万～1：25 万比例尺）。为使土地利用分类与 SWAT 模型能识别的土地利用类型一致，需要对原土地利用进行重新分类（见图 4.5）。

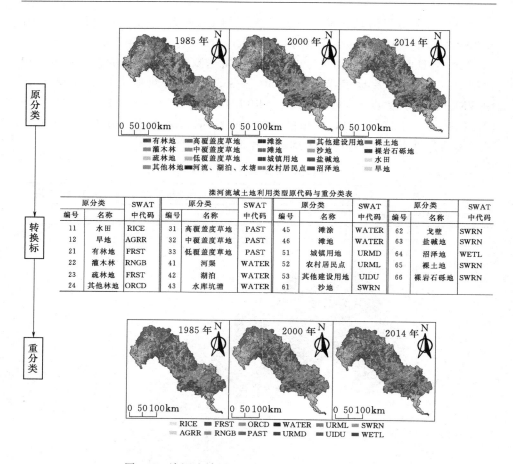

滦河流域土地利用类型原代码与重分类表

**滦河流域土地利用类型原代码与重分类表**

| 原分类 | | SWAT中代码 | 原分类 | | SWAT中代码 | 原分类 | | SWAT中代码 | 原分类 | | SWAT中代码 |
| --- | --- | --- | --- | --- | --- | --- | --- | --- | --- | --- | --- |
| 编号 | 名称 | | 编号 | 名称 | | 编号 | 名称 | | 编号 | 名称 | |
| 11 | 水田 | RICE | 31 | 高覆盖度草地 | PAST | 45 | 滩涂 | WATER | 62 | 戈壁 | SWRN |
| 12 | 旱地 | AGRR | 32 | 中覆盖度草地 | PAST | 46 | 滩地 | WATER | 63 | 盐碱地 | SWRN |
| 21 | 有林地 | FRST | 33 | 低覆盖度草地 | PAST | 51 | 城镇用地 | URMD | 64 | 沼泽地 | WETL |
| 22 | 灌木林 | RNGB | 41 | 河渠 | WATER | 52 | 农村居民点 | URML | 65 | 裸土地 | SWRN |
| 23 | 疏林地 | FRST | 42 | 湖泊 | WATER | 53 | 其他建设用地 | UIDU | 66 | 裸岩石砾地 | SWRN |
| 24 | 其他林地 | ORCD | 43 | 水库坑塘 | WATER | 61 | 沙地 | SWRN | | | |

图 4.5　滦河流域原土地利用和重分类后土地利用

（3）土壤数据库。土壤数据是 SWAT 模型中主要的输入参数，其数据质量在很大程度上影响模型的模拟结果（黄清华等，2004）。主要的土壤参数包括：①土壤分层数目（NLAYERS）。②土壤水文组（HYDGPR，A/B/C/D）。③植被根系最大深度（SOL_ZMX，mm）。④土壤层的结构（TEXTURE）。⑤土壤容重（SOL_BD，g/cm³）。⑥土壤表面到各土壤层深度（SOL_Z，mm）。⑦有效田间持水量（SOL_AWC，mm $H_2O$/mm）。⑧饱和导水率（SOL_K，mm/hr）。⑨有机碳含量（SOL_CBN，%）。⑩每层土壤中的粘粒（CLAY）、粉沙（SILT）、沙粒（SAND）、砾石（ROCK）含量，%。⑪田间土壤反照率（SOL_ALB）。⑫USLE 方程中的土壤可蚀性因子（USLE_K）。⑬阴离子排斥孔隙度分数（ANION_EXCL）。⑭电导率（SOL_EC）。SWAT 模型土壤数据库建立方法如图 4.6 所示。

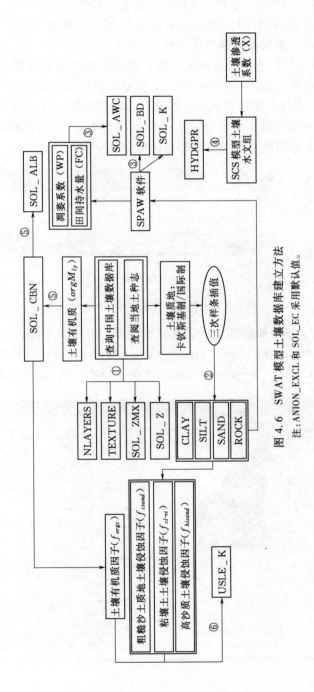

图 4.6 SWAT 模型土壤数据库建立方法

注：ANION_EXCL 和 SOL_EC 采用默认值。

1) 土壤分层数目（NLAYERS）、植被根系最大深度（SOL_ZMX）、土壤层的结构（TEXTURE）和土壤表面到各土壤层深度（SOL_Z）等参数可通过查询中国土壤数据库和当地土种志获取。

2) 我国第二次土壤普查中采用的土壤质地体系是国际制（第一次土壤普查采用的是卡钦斯基制），而在 SWAT 模型中则是美国农业部简化的美制标准（见图 4.7）。因此，需将我国分类标准的土壤质地转为美制分类标准。蔡永明等的研究认为国际制向美国制的土壤质地转换中，三次样条插值法的结果最优，因此，本书的研究选用三次样条插值（蔡永明等，2003）。

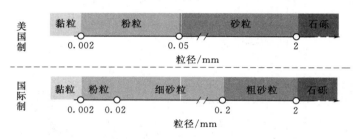

图 4.7　土壤粒径的美国制和国际制比较

3) 根据上述转换后的土壤质地分布数据，可借助于美国华盛顿州立大学开发的 SPAW（Soil - Plant - Atmosphere - Water）软件（见图 4.8）获取土壤容重（SOL_BD，$g/cm^3$）、饱和导水率（SOL_K）、凋萎系数（WP）和

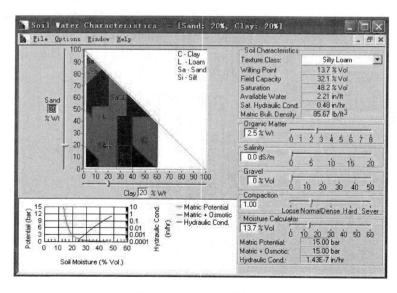

图 4.8　SPAW 软件界面

田间持水量（FC）等参数。其中，利用凋萎系数和田间持水量可推求有效田间持水量（SOL_AWC），公式如下：

$$SOL\_AWC=FC-WP \tag{4.2}$$

4）美国自然环保署根据土壤入渗率特征，将具有相似径流能力的土壤分为 A、B、C、D 四个土壤水文组（见图 4.9）。其中，土壤渗透系数可由如下经验公式计算得到：

$$X=(20Y)^{1.8} \tag{4.3}$$

式中：$X$ 为土壤渗透系数；$Y$ 为土壤平均颗粒直径值。

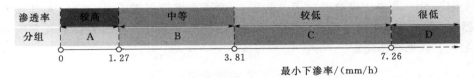

图 4.9 土壤水文分组

5）根据《农业化学常用分析方法》中的分析结果，土壤层中有机碳含量（SOL_CBN）的计算一般由有机质的含量乘 0.58 得到；SOL_ALB 则采用如下经验公式计算：

$$SOL\_ALB=0.2227\exp(-1.8672\times SOL\_CBN) \tag{4.4}$$

6）Willaims 等提出的改进后的 USLE_K 的估算方法，只需通过土壤有机碳和土壤颗粒组成即可估算 USLE_K（Williams, et al., 1996），具体公式为

$$USLE\_K=f_{csand}\times f_{ci-si}\times f_{orgc}\times f_{hisand} \tag{4.5}$$

式中：$f_{csand}$、$f_{ci-si}$ 和 $f_{hisand}$ 分别表示粗糙沙土质地壤、黏壤土土壤和高沙质土壤侵蚀因子；$f_{orgc}$ 表示壤有机质因子。

各因子计算公式如下：

$$f_{csand}=0.2+0.3\times\exp\left[-0.0256\times m_s\times\left(1-\frac{m_{silt}}{100}\right)\right] \tag{4.6}$$

$$f_{d-si}=\left(\frac{m_{silt}}{m_c+m_{silt}}\right) \tag{4.7}$$

$$f_{hisand}=1-\frac{0.7\times\left(1-\frac{m_s}{100}\right)}{\left(1-\frac{m_s}{100}\right)+\exp\left[-5.51+22.9\times\left(1-\frac{m_s}{100}\right)\right]} \tag{4.8}$$

$$f_{orgc}=1-\frac{0.25\times\rho_{orgc}}{\rho_{orgc}+\exp(3.72-2.95\times\rho_{orgc})} \tag{4.9}$$

式中：$m_s$ 为砂粒含量，%；$m_{silt}$ 为粉粒含量，%；$m_c$ 为黏粒含量，%；$\rho_{orgc}$ 为各

土壤层中有机碳含量,%。

本书的研究所采用的土壤数据为中国科学院南京土壤研究所完成的 1 :
100 万土壤数据。经投影转换和裁剪,得到滦河流域的土壤类型分布图 (见图
3.18)。研究区共涉及 26 类土壤,按照上述方式,获取各类土壤参数,并构建
土壤数据库。

### 4.2.3　气象数据库

SWAT 模型所需要的逐日气象数据包括:降水、最高气温、最低气温、
太阳辐射、风速、相对湿度等。此外,SWAT 模型还需定义一个"天气发生
器",可通过多年月平均资料模拟某些难以获取的逐日气象资料。天气发生器
主要参数见表 4.4。

表 4.4　天气发生器参数

| 参数 | 定　义 | 备　注 |
|---|---|---|
| TMPMX | 月日均最高气温/℃ | |
| TMPMN | 月日均最低气温/℃ | |
| TMPSTDMX | 月日最高气温标准偏差/℃ | |
| TMPSTDMN | 月日最低气温标准偏差/℃ | |
| PCPMM | 月总降水量/mm | |
| PCPSTD | 月日降水量标准偏差/(mm/d) | |
| PCPSKW | 月日降水量偏度系数 | |
| PR_W1 | 月内干日系数 | |
| PR_W2 | 月内湿日系数 | |
| PCPD | 月均降雨天数 | |
| RAINHHMX | 最大半小时降雨量/mm | 查资料或估计 |
| SOLARAV | 月日均太阳辐射量/[kJ/(m² · d)] | |
| DEWPT | 月日均露点温度/℃ | 如果所有 12 个月输入的值都大于 1,模型假设输入的是露点温度 |
| WNDAV | 月日均风速/(m/s) | |

本书所选用的气象数据源于国家气象信息中心提供的中国国家级地面气象
站基本气象要素日值数据集 (V3.0)。该数据集涵盖中国 2474 个国家级地面
站数据,涉及的气象要素包括:气压、气温、相对湿度、降水、蒸发、风向风
速、日照、0cm 地温等。数据系列长度为 1951 年 1 月至 2013 年 12 月。本书
的研究选取滦河流域及周边共 39 个气象站点的数据构建模型数据库 (见图
4.10)。由于数据集中没有提供逐日太阳辐射观测数据,因此借用童成立等人

（2005）提出的逐日太阳辐射模拟计算方法对滦河流域及周边气象站点的逐日太阳辐射进行估算。

图 4.10　滦河流域及周边气象站点分布图

# 4.3　SWAT 模型参数率定及其在滦河流域的适用性评价

## 4.3.1　流域离散化

本书的研究中定义最小河道集水面积阈值为 $250 km^2$，将滦河流域划分为 88 个子流域（见图 4.11）。在水文响应单元（HRU）定义中，参考郝芳华（2003）的研究，确定土地利用和土壤类型的阈值分别为 20％和 10％。

## 4.3.2　参数率定及模拟效果分析

本书的研究选取三道河子站、韩家营站、承德站、下板城站和滦县站（见图 4.12 和表 4.5）还原月径流对滦河流域 SWAT 模型各参数进行率定。根据数据的完整性，选取 1970—1990 年为模型参数的率定期（1970—1972 年为预热期）；1991—2000 年作为模型参数的验证期。其中，率定期内选用 1985 年土地利用作为输入，验证期选用 2000 年土地利用作为输入。本书采用 SWAT－CUP2012 中 SUFI－2 优化算法与手动校准相结合的方式，对 SCS 径流曲线

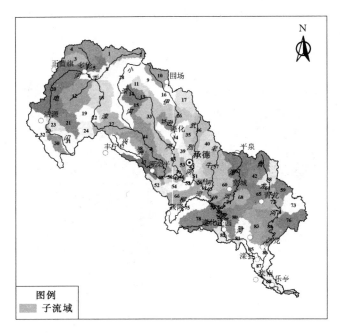

图 4.11　滦河流域子流域划分

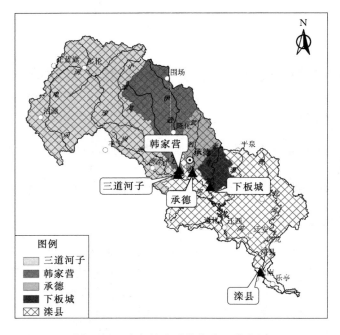

图 4.12　水文站点及其集水区分布图

数、土壤蒸发补偿系数等 7 个主要参数进行率定，各参数及其取值见表 4.6。

**表 4.5** 模型率定和验证所选取水文站

| 水文站点 | 位　置 | 经纬度 | 控　制　面　积 | | |
|---|---|---|---|---|---|
| | | | 年鉴记载 /km² | 模型划分 /km² | 误差 /% |
| 三道河子 | 滦平县西地满族乡韩家营村 | 117.73°E，41.02°N | 17100 | 18560 | 8.5 |
| 韩家营 | 承德市 | 117.93°E，40.97°N | 6761 | 6736 | −0.4 |
| 承德 | 承德县下板城镇中磨村 | 118.17°E，40.78°N | 2460 | 2502 | 1.7 |
| 下板城 | 滦平县西地满族乡三道河子村 | 117.70°E，40.97°N | 1615 | 1680 | 4.0 |
| 滦县 | 滦县城关种子站院内 | 118.75°E，39.73°N | 44100 | 44940 | 1.9 |

**表 4.6** 滦河流域 SWAT 模型参数率定结果

| 参数名称 | 参数含义 | 输入文件 | 参数改变类型[①] | 参　数　取　值 | | | | |
|---|---|---|---|---|---|---|---|---|
| | | | | 三道河子 | 韩家营 | 承德 | 下板城 | 滦县 |
| CN2 | SCS 径流曲线数 | mgt | r | 0.301 | 0.003 | −0.073 | 0.100 | 0.211 |
| ALPHA_BF | 基流 Alpha 系数 | gw | v | 0.15 | 1.31 | 0.33 | 0.50 | 0.56 |
| REVAPMN | 浅层地下水再蒸发系数 | gw | v | 137.79 | 99.42 | 285.98 | 138.02 | 261.78 |
| CH_K2 | 主河道河床有效的水力传导度 | rte | v | 8.05 | 5.94 | 40.85 | 21.15 | 6.29 |
| SOL_AWC | 土壤可利用有效水量 | sol | r | 0.64 | −0.06 | 0.14 | 0.51 | 0.97 |
| SOL_K | 土壤饱和导水率 | sol | r | −0.84 | −0.84 | −0.44 | −0.74 | −0.76 |
| ESCO | 土壤蒸发补偿系数 | hru | v | 0.52 | 0.75 | 1.00 | 0.90 | 0.93 |

① 参数改变类型中，v 指现有的参数值将被给定的值取代，r 指将现有的参数值乘以（1＋给定的值）

　　图 4.13 为三道河子站、韩家营站、承德站、下板城站和滦县站月还原径流模拟值与实际值的对比图。模型效果的评价选用线性回归方程相关系数（$R^2$）、Nash - Sutcliffe 效率系数（$NSE$）（Nash et al.，1970）和相对误差（$RE$）3 个指标，具体计算公式如下：

$$R^2 = \frac{\left[ \sum\limits_{t=1}^{N} (q_{obs}(t) - \overline{q_{obs}})(q_{sim}(t) - \overline{q_{sim}}) \right]^2}{\sum\limits_{t=1}^{N} (q_{obs}(t) - \overline{q_{obs}})^2 \sum\limits_{t=1}^{N} (q_{sim}(t) - \overline{q_{sim}})^2} \tag{4.10}$$

$$NSE = 1 - \frac{\sum\limits_{t=1}^{N} \left[ q_{obs}(t) - q_{sim}(t) \right]^2}{\sum\limits_{t=1}^{N} \left[ q_{obs}(t) - \overline{q_{obs}} \right]^2} \qquad (4.11)$$

$$RE = \frac{\overline{q_{sim}} - \overline{q_{obs}}}{\overline{q_{obs}}} \qquad (4.12)$$

式中：$q_{obs}(t)$ 和 $q_{sim}(t)$ 分别为月径流的实测值和模拟值；$\overline{q_{obs}}$ 和 $\overline{q_{sim}}$ 分别为实测值的平均值和模拟值的平均值。

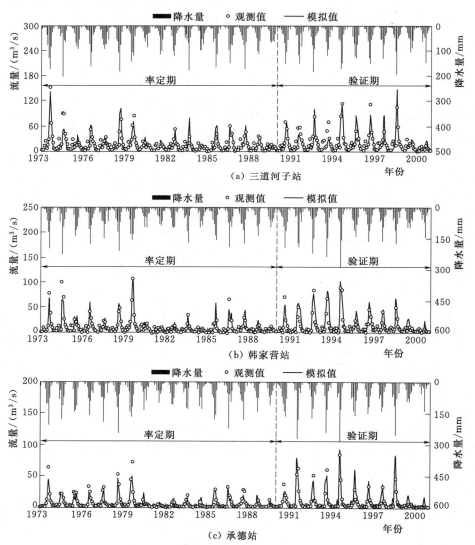

图 4.13（一）　各水文站模拟月径流过程与观测径流过程

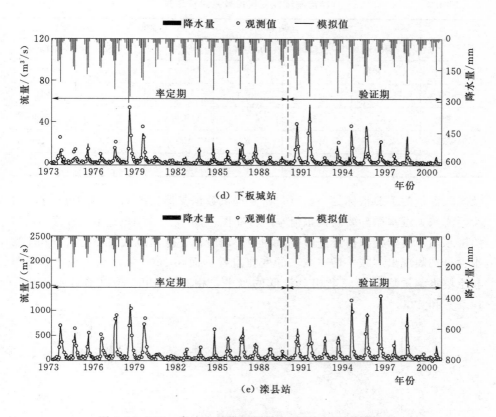

图 4.13（二） 各水文站模拟月径流过程与观测径流过程

当 $R^2$ 和 $NSE$ 越接近于 1 时，模拟效果越优。当 $NSE \geqslant 0.75$ 时，认为模型模拟效果较优；当 $0.36 < NSE < 0.75$ 时，认为模型模拟效果基本满意；当 $NSE \leqslant 0.36$ 时，则模型模拟效果较差（Motovilov et al.，1999）。

表 4.7 为滦河流域径流模拟效果评价结果。从表中可以看出：率定期内，除三道河子站外，其他水文站 $R^2$ 和 $NSE$ 均在 0.8 以上，滦县站模拟效果最优，$R^2$ 和 $NSE$ 超过 0.9；验证期内，模型模拟效果有一定程度的降低，三道河子站和韩家营站模拟效果相对较差，$NSE$ 分别为 0.68 和 0.61，承德站和下板城站 $R^2$ 和 $NSE$ 均在 0.7 以上，滦县站 $R^2$ 和 $NSE$ 在 0.9 以上。总体来看，本书中构建的滦河流域 SWAT 模型对月径流过程模拟得较好，尤其是在滦县站（控制面积占流域面积的 98.6%）表现出较高的模拟精度，且各站的相对误差均不超过 ±10%，表明模型可用于下一步干旱等级及风险评价的研究。

SWAT 模型的输出项中，地表径流、土壤水含量等要素是研究干旱等级

表 4.7　　　　　　　　　　滦河流域径流模拟效果评价结果

| 站点 | 率定期（1973—1990 年） | | | 验证期（1991—2000 年） | | |
|---|---|---|---|---|---|---|
| | $R^2$ | NSE | RE/% | $R^2$ | NSE | RE/% |
| 三道河子 | 0.78 | 0.72 | −7.8 | 0.77 | 0.68 | −7.7 |
| 韩家营 | 0.83 | 0.82 | −6.9 | 0.81 | 0.61 | 9.7 |
| 承德 | 0.81 | 0.81 | −5.4 | 0.85 | 0.75 | 7.8 |
| 下板城 | 0.87 | 0.84 | −9.1 | 0.86 | 0.73 | −5.0 |
| 滦县 | 0.95 | 0.95 | −5.7 | 0.95 | 0.94 | −1.6 |

及风险评价的重要指标之一，可为研究提供数据支撑。图 4.14 为 1990 年 7 月滦河流域关键水循环要素模拟值空间分布图。图 4.15 为 1990 年 7 月滦河流域关键水循环要素模拟值月过程。从图中可以看出，滦河流域地表径流量和土壤水含量均表现出"减—增—减"的变化过程，而在 2000 年以后，地表径流量和土壤水含量均处于一个相对较低的水平，相对于 1980 年以前分别减少了 14.8% 和 23.3%。

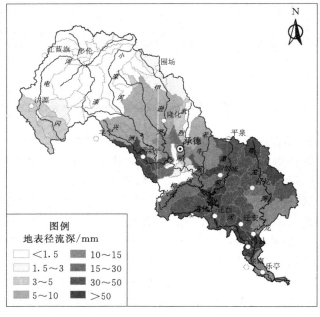

（a）地表径流深

图 4.14（一）　1990 年 7 月滦河流域关键水循环
要素模拟值空间分布图

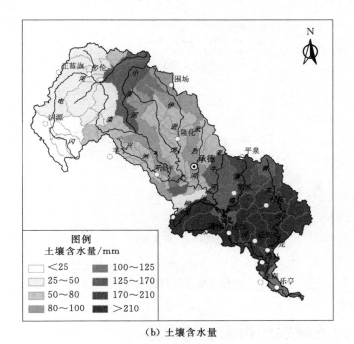

（b）土壤含水量

图 4.14（二） 1990 年 7 月滦河流域关键水循环
要素模拟值空间分布图

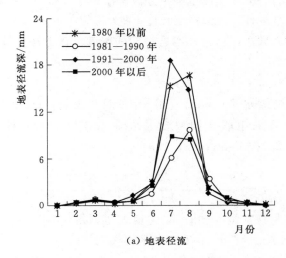

（a）地表径流

图 4.15（一） 1990 年 7 月滦河流域关键
水循环要素模拟值月过程

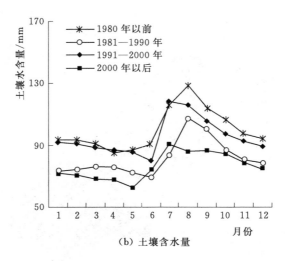

图 4.15（二）　1990 年 7 月滦河流域关键
水循环要素模拟值月过程

## 4.4　滦河流域农作物需水量估算

目前，作物需水量的获取主要有两种途径：水量平衡法和综合性气候学方法。对于前者而言，需要实测土壤水分数据作支撑，而该数据难以获取且在空间上具有很大的变异性，难以在大尺度上推广应用，因此，后者的应用较为普遍，尤其是作物系数法，已被证明有一定的精度。该方法计算公式如下（Allen et al.，1998）：

$$ET_c = K_c \times ET_0 \tag{4.13}$$

式中：$ET_c$ 为作物需水量，mm；$ET_0$ 为参照腾发量，mm；$K_c$ 为作物系数。其中，$ET_c$ 的计算采用联合国粮食及农业组织（FAO）推荐的 Penman - Monteith 方法计算（Allen et al.，1994）：

$$ET_0 = \frac{0.408\Delta(R_n - G) + \gamma \dfrac{900}{T+273} u_2 (e_s - e_a)}{\Delta + \gamma(1 + 0.34\mu_2)} \tag{4.14}$$

式中：$ET_0$ 为参照腾发量，mm；$R_n$ 为地表净辐射，MJ・m$^{-2}$・d$^{-1}$；$G$ 为土壤热通量同，MJ・m$^{-2}$・d$^{-1}$；$T$ 为日平均气温，℃；$u_2$ 为 2m 高处风速，m/s；$e_s$ 为饱和水汽压，kPa；$e_a$ 为实际水汽压，kPa；$\Delta$ 为饱和水汽压曲线斜率，kPa・℃$^{-1}$；$\gamma$ 为干湿表常数，kPa・℃$^{-1}$。

虽然作物系数法在目前取得了较为广泛的应用（刘晓英和林而达，2004；

刘晓英等，2005），但多数研究并没有考虑温度对作物生育期的影响。已有的研究表明，温度是作物生长发育的主要影响因素，作物开始发育时需要达到一定的下限温度，作物完成发育时需达到一定的积温。因此，作物生长期是随气温变化而变化的，在不同气温条件下，作物的生长期长短以及各发育阶段所处的时段是不一样的，进而导致作物需水时段和阶段性需水特征不同。

　　本书的研究根据作物最适播种温度和各生育期所需活动积温阈值对滦河流域典型农作物——冬小麦、夏玉米、春小麦和春玉米的生育期进行划分，并结合各生育期的作物系数，估算冬小麦、夏玉米、春小麦和春玉米的需水量（Yuan et al.，2016）。

## 4.4.1 典型作物生育期划分

　　由于日平均气温在 15～18℃时，适宜冬小麦的播种，本书的研究选取 5 日平均气温在 9 月份下旬以来首次介于 15～18℃时的日期作为冬小麦播种期，并根据大于等于 10℃的活动积温来划分冬小麦的各个生长期，见表 4.8；对于夏玉米而言，适宜播种温度为 20～25℃，为减少套种玉米与冬小麦的共生期，也为防止玉米芽涝，本书的研究选取 5 日平均气温在冬小麦成熟前 5 天以来首次介于 20～25℃时的日期作为夏玉米的播种期，并采用表 4.9 所列大于等于 10℃的活动积温阈值对其生育期进行划分；由于春小麦播种越早越好，日平均温度 2～5℃即可播种，本书的研究选取 5 日平均气温在 3 月中旬以来首次超过 2℃的日期作为春小麦的播种期，并根据表 4.10 所列阈值对春小麦不同生育阶段进行划分；春玉米播种下限温度 6～7℃，适播温度 10～12℃，本书的研究中选取 4 月以来 5 日平均气温首次超过 7℃的日期作为春玉米的播种日期，其各生育阶段需要达到的积温阈值见表 4.11。

表 4.8　　　　　冬小麦各发育期大于等于 10℃活动积温（AT10）
阈值及各生育阶段作物系数

| 发育期 | 播种—出苗 | 出苗—分蘖 | 分蘖—拔节 | 拔节—抽穗 | 抽穗—成熟 |
|---|---|---|---|---|---|
| $AT10$/℃ | 134 | 148 | 179 | 311 | 686 |
| 作物系数 $K_c$ | 0.70 | 0.40 | 0.75 | 1.10 | 0.85 |

表 4.9　　　　夏玉米各发育期大于等于 10℃活动积温（AT10）
阈值及各生育阶段作物系数

| 发育期 | 播种—出苗 | 出苗—吐丝 | 吐丝—成熟 |
|---|---|---|---|
| $AT10$/℃ | 158 | 1086 | 906 |
| 作物系数 $K_c$ | 0.60 | 1.10 | 0.90 |

表 4.10　　　春小麦各发育期大于等于 10℃活动积温 （*AT10*）
　　　　　　　　　　阈值及各生育阶段作物系数

| 发育期 | 播种—出苗 | 出苗—分蘖 | 分蘖—拔节 | 拔节—抽穗 | 抽穗—成熟 |
|---|---|---|---|---|---|
| *AT10*/℃ | 46 | 182 | 267 | 290 | 615 |
| 作物系数 $K_c$ | 0.32 | 0.48 | 0.76 | 1.05 | 0.84 |

表 4.11　　　春玉米各发育期大于等于 10℃活动积温 （*AT10*）
　　　　　　　　　　阈值及各生育阶段作物系数

| 发育期 | 播种—出苗 | 出苗—吐丝 | 吐丝—成熟 |
|---|---|---|---|
| *AT10*/℃ | 154 | 1033 | 912 |
| 作物系数 $K_c$ | 0.40 | 1.18 | 0.80 |

## 4.4.2　典型站点作物生育期长度及需水量时间变化特征

　　滦河流域内具有长系列完整气象资料的站点相对较少，本书的研究选取中游地区的承德站和下游流域地区的青龙站对冬小麦和夏玉米全生育期长度及生育期内需水量的时间变化特征进行分析；选取上游地区的围场站和多伦站对春小麦全生育期长度及生育期内需水量的时间变化特征进行分析；选取上游地区的围场站对春玉米全生育期长度及生育期内需水量的时间变化特征进行分析，其中，承德站、青龙站典型作物为冬小麦、夏玉米；围场站典型作物为春小麦、春玉米；多伦站典型作物为春小麦。

　　典型气象站点分布见图 4.16。

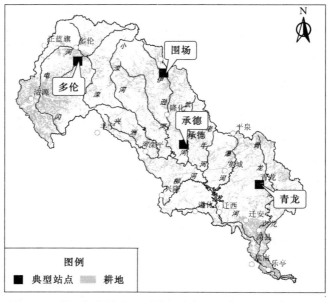

图 4.16　典型气象站点（承德、青龙、多伦、围场）分布图

（1）冬小麦。图 4.17 为滦河流域内承德站和青龙站 1957—2013 年期间冬小麦生育期长度及年均气温变化。从图中可以看出，年均气温的变化趋势与生育期长度的变化趋势相反，对于承德站而言［见图 4.17（a）］，年均气温以 0.75℃/100a 的速率减少，但生育期长度以 7.26d/100a 的速率增加；对于青龙站而言［见图 4.17（b）］，年均气温以 2.49℃/100a 的速率增加，但生育期长度却以 15.31d/100a 的速率减少。按照近似的线性关系估计，气温每升高 1℃，冬小麦生育期缩短 5～6 天（见图 4.18）。

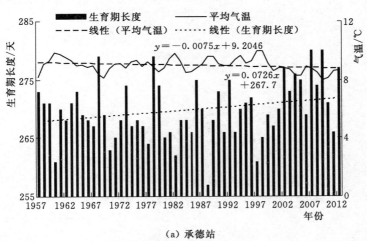

（a）承德站

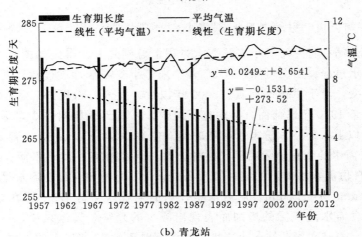

（b）青龙站

图 4.17　滦河流域典型站点冬小麦生育期长度与年均气温年际变化［对于生育期长度而言，横坐标 1957 年对应的纵坐标值表示 1957 年播种至翌年（1958）年收获的历时；对于平均气温而言，横坐标 1957 年表示 1957～1958 年年均日气温，以此类推。］

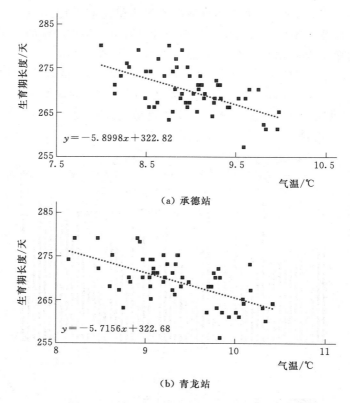

图 4.18　滦河流域典型站点冬小麦生育期长度与年均气温线性关系

　　将承德站和青龙站冬小麦日需水过程汇总到月上，得到如图 4.19 所示冬小麦月需水过程。由图可知，近 50 多年来冬小麦需水月过程特征发生了一定程度的改变，对于承德站而言，2000 年以后，除 6 月份以外，冬小麦各月需水量相对于 1970 年以前而言，均有所减少，3—4 月份绝对减少量最大，均达到 11mm 以上，而 6 月需水增加的绝对值高达 10.8mm；对于青龙站而言，4—6 月份需水的变化最为明显，相对于 1970 年以前的平均水平而言，2000 年以后，4 月份需水增加量的绝对值为 8.7mm，5 月份和 6 月份需水量则分别减少了 19.4mm 和 27.7mm。从需水年代均值来看（见图 4.20），在 2000 年以前，冬小麦需水随气温的增加而表现出减少的趋势，具体来说，1991—2000 年期间，承德站和青龙站冬小麦年均气温相对于 1970 年以前的平均水平而言，增加了 0.25℃ 和 0.83℃，但需水量却分别减少了 17.2% 和 12.7%，2000 年以后，需水量虽然有所增加，但仍低于 1970 年以前的平均水平。综上所述，气温的升高缩短了冬小麦全生育期的长度，从而导致其生长发育期间总需水时段有所减少，因而其生育期内需水总量表现出减少的趋势，由于气温的升高，

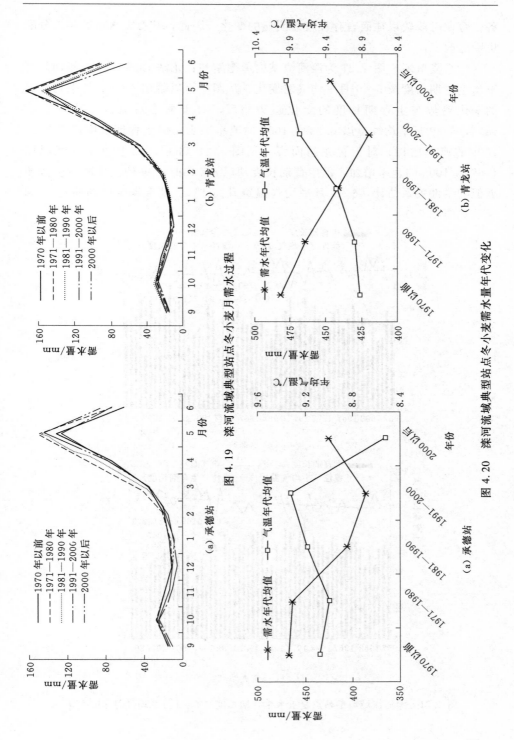

图 4.19　滦河流域典型站点冬小麦月需水过程

图 4.20　滦河流域典型站点冬小麦需水量年代变化

各生育期时段较以往而言存在较为明显的变化，因此，其总需水量的年内分配也随之改变。

（2）夏玉米。图 4.21 为滦河流域内承德站和青龙站 1958—2013 年期间夏玉米生育期长度及 6—9 月平均气温变化。从图中可以看出，6—9 月平均气温的变化趋势与生育期长度的变化趋势相反，对于承德站而言［见图 4.21（a）］，6—9 月平均气温以 0.93℃/100a 的速率减少，但生育期长度以 8.43d/100a 的速率增加；对于青龙站而言［见图 4.21（b）］，6—9 月平均气温以 1.69℃/100a 的速率增加，但生育期长度却以 10.46d/100a 的速率减少。按照近似的线性关系估计，6—9 月平均气温每升高 1℃，夏玉米生育期缩短 5～6 天（见图 4.22）。

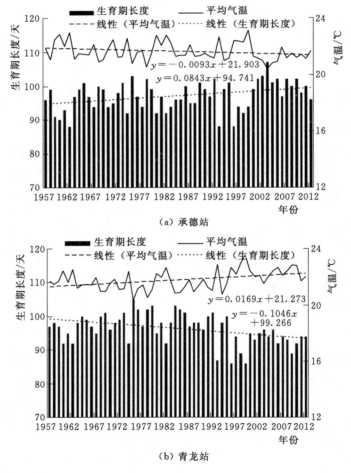

图 4.21　滦河流域典型站点夏玉米生育期长度与 6—9 月平均气温年际变化

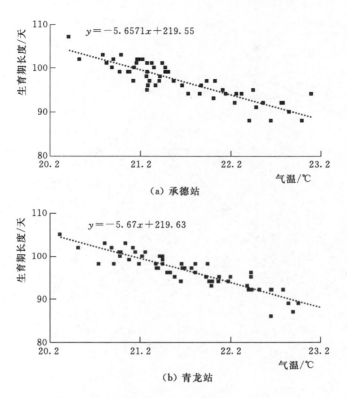

$$y = -5.6571x + 219.55$$

（a）承德站

$$y = -5.67x + 219.63$$

（b）青龙站

图 4.22 滦河流域典型站点夏玉米生育期长度与 6—9 月
平均气温线性关系

图 4.23 为不同时段承德站和青龙站夏玉米月需水过程。从图中可以看出，不同年代夏玉米需水量月分配特征存在一定的差异：玉米生在初期（6月）和后期（9月）需水变化较大，而在中期（7—8月）则相对较为稳定。具体而言，2000 年以后，承德站 6 月和 9 月需水量与 1970 年以前相比，分别变化了−46.9％和＋45.9％，但 7 月和 8 月需水量则稳定在 140mm 和 110mm 左右；青龙站 6 月和 9 月需水量在 2000 年以后分别变化了＋20.3％和−43.9％（与1970 年以前平均水平相比），而 7 月和 8 月需水量则在 140mm 和 110mm 左右。从夏玉米年需水变化来看（见图 4.24），2000 年以前，承德站和青龙站夏玉米年需水量随气温（此处指 6—9 月平均气温，下同）的增加而减少，2000年以后，承德站气温下降，夏玉米需水量略有回升，而青龙站气温仍持续升高，夏玉米需水量略有减少。夏玉米需水量与温度的关系同冬小麦类似，均是需水量随气温升高而减少，同样，由于气温的变化，导致夏玉米各生育期起止时间和持续时间发生了改变，从而导致其月分配特征发生了变化。

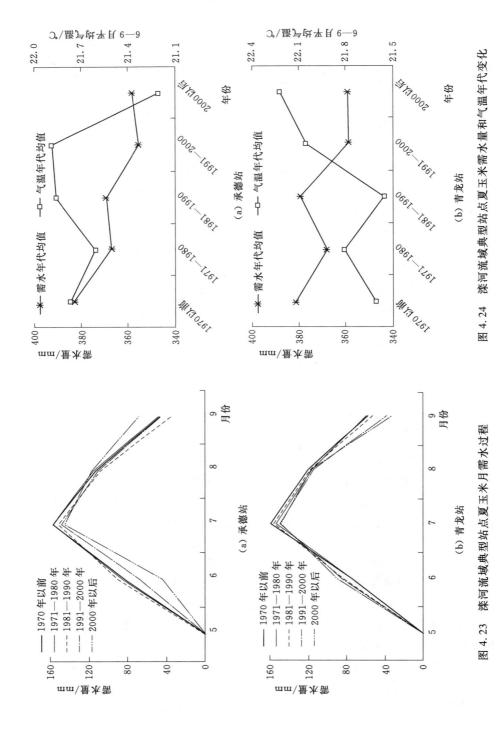

图 4.23　滦河流域典型站点夏玉米月需水过程

图 4.24　滦河流域典型站点夏玉米需水量和气温年代变化

（3）春小麦。图 4.25 为滦河流域内多伦站和围场站 1958—2013 年期间春小麦生育期长度及 3—8 月平均气温变化。从图中可以看出，随着气温的增加，多伦站和围场站生育期长度波动下降，两个站点春小麦生育期长度分别以 13.24d/100a 和 5.18d/100a 的速率减少。3—8 月平均气温与春小麦生育期长度的相关性并不是很好，按照近似的线性关系估计，3—8 月平均气温每升高 1℃，春小麦生育期缩 1~2 天（见图 4.26）。

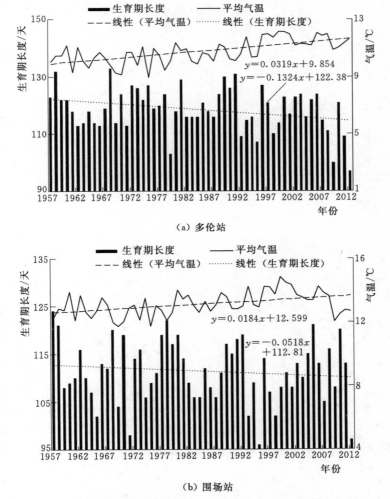

（a）多伦站

（b）围场站

图 4.25　滦河流域典型站点春小麦生育期长度与 3—8 月平均气温年际变化

图 4.27 为不同时段多伦站和围场站春小麦月需水过程。从图中可以看出，不同时段多伦站春小麦月需水过程差异相对较大，尤其是在末期，2000 年以后较 1970 年以前存在明显的变化，如春小麦 8 月份需水量在 1970 年以前为

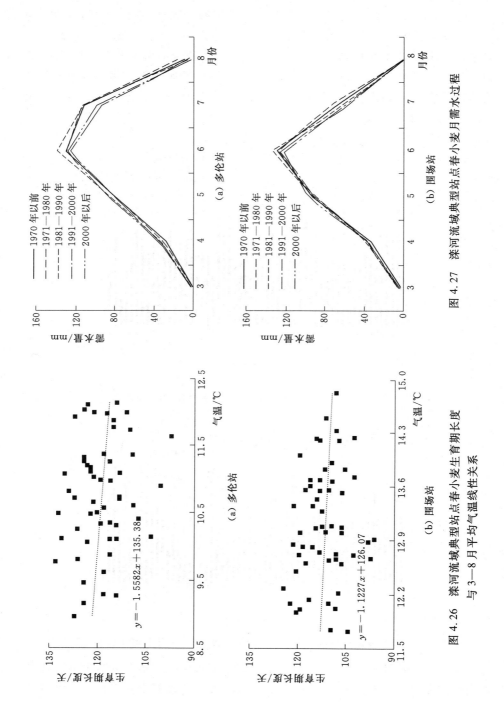

图 4.26　滦河流域典型站点春小麦生育期长度与 3—8 月平均气温线性关系

图 4.27　滦河流域典型站点春小麦月需水过程

10.8mm，但在 2000 年以后仅为 1.3mm，说明随着气温的升高，春小麦成熟期提前，基本在 7 月底完成生长，因而，8 月份需水量减少明显。春小麦年需水量随气温的上升而呈现出减少的态势，2000 年以后，多伦站和围场站 3—8 月平均气温相对于 1970 年以前而言，分别增加了 1.3℃ 和 0.68℃，而春小麦需水量则分别减少了 3.4% 和 2.2%（见图 4.28）。

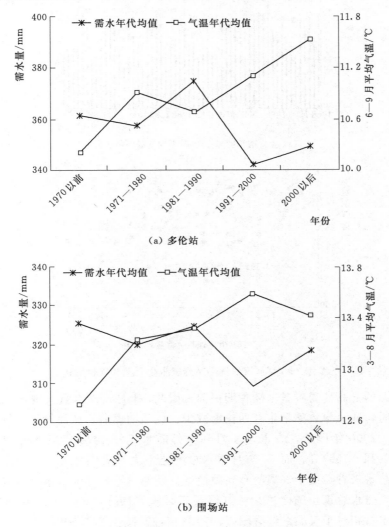

（a）多伦站

（b）围场站

图 4.28 滦河流域典型站点春小麦需水量和气温年代变化

（4）春玉米。图 4.29（a）为滦河流域内围场站 1958—2013 年期间玉米生育期长度及 4—8 月平均气温变化。从图中可以看出，气温与生育期长度的变化趋势相反，两者分别为 ＋7.6℃/100a 和 −1.8d/100a，按照近似的线性关

系估计，4—8 月平均气温每升高 1℃，春玉米生育期缩 3～4 天［见图 4.29
(b)］。

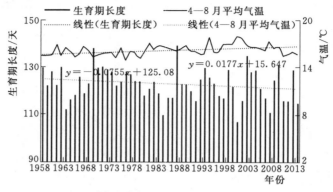

（a）生育期长度与 4—8 月平均气温年际变化

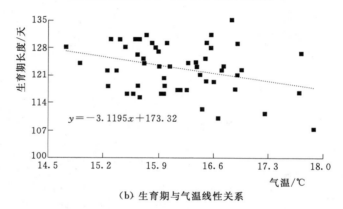

（b）生育期与气温线性关系

图 4.29　滦河流域围场站春玉米生育期和气温变化

气温的升高使得春玉米播种期提前，因此，4 月份需水量表现出增加的态
势，同时，亦会导致整个生育期长度减少、成熟期提前，从而导致 8 月份需水
量减少。2000 年以后，春玉米 4 月和 8 月需水量较 1970 年以前分别变化了
＋38.1％和－15.4％，而 5—7 月需水量变化不大（见图 4.30）。从整个生育
期需水总量来看，由于气温的升高致使生育期的缩短，春玉米整个需水时段相
应减少，需水总量也随之减少。气温最高时段（1991—2000 年）春玉米全生
育期需水量相对于气温最低时段（1970 年以前）减少了 4.5％。

## 4.4.3　流域尺度作物需水量时空变化特征

图 4.31 为滦河典型农业植被和耕地（以 2000 年为例）分布情况，从图中
可以看出，在滦河中下游地区，承德以南以冬小麦和夏玉米为主，承德以北以

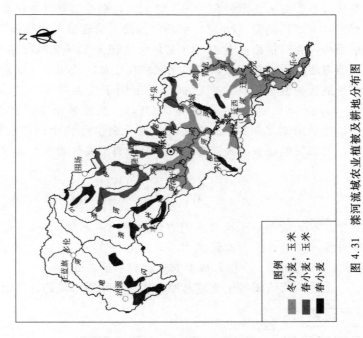

图 4.31 滦河流域农业植被及耕地分布图

图例

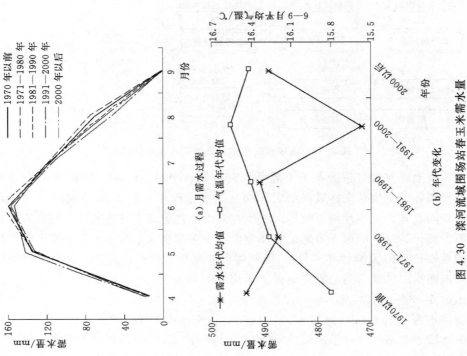

(a) 月需水过程

(b) 年代变化

图 4.30 滦河流域围场站春玉米需水量

春小麦和春玉米为主；在滦河上游地区，则是主要以春小麦为主。本书的研究利用数字高程模型（DEM）辅助气象站点的逐日气温数据和参照腾发量数据，采用协同克里格插值方法（COK）将其转为 1km×1km 栅格文件（grid），该插值方法适用于相互关联的多元区域化变量，能用一个或多个次要变量对所需变量进行插值估算，目前已被广泛运用于实践之中（Hevesi et al.，1992a；Hevesi et al.，1992b；袁喆等，2014）。在此基础上，提取位于耕地处的像元，并采用 4.5.2 节中的方法对各像元典型作物生育期长度及需水量进行计算，最后按照如下公式计算出各子流域典型农作物平均需水量。

$$WD_a = \frac{\sum_{i=1}^{n}(WD_{ai} \times S_0)}{S}$$

（4.15）

式中：$WD_a$ 为某一子流域典型农作物平均需水量，mm；$n$ 为某一子流域内耕地处像元个数；$S_0$ 为像元的大小，此处为 1km×1km；$S$ 为某一子流域面积，km²；$WD_{ai}$ 为第 $i$ 个像元典型农作物需水量，mm。

上述滦河流域各子流域典型农作物平均需水量的计算过程如图 4.32 所示。

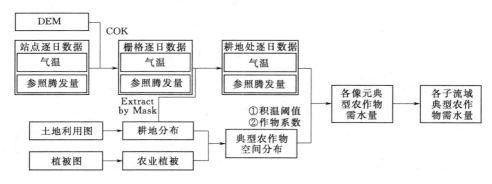

图 4.32　流域尺度典型农作物需水量计算过程

按上述方法可获取各子流域平均需水量（单位：mm），在此基础上可统计得到各子流域及全流域典型农作物月需水过程，如图 4.33 和图 4.34 所示。从空间上看，全年滦河下游地区农作物需水量普遍高于其他地区，其原因包括两方面：其一，滦河下游地区农作物以冬小麦和夏玉米为主，冬小麦生育周期相对较长（10月至翌年6月），因此需水过程相对较长；其二，滦河下游地区耕地面积广，就本书的研究而言，子流域编号为 85～88 的区域，耕地面积占比达 54.8%；从时间上看，需水高峰时段为 5—7 月份，该时段内全流域农作物需水为 112.5mm（约为 51.2 亿 m³），占全年的农作物需水量的 67.6%，其中流域下游出口处（子流域编号为 85～88 的区域，区域面积 1613.7km²）5—7 月份需水量高达 248.3mm，约为 4 亿 m³；从不同年代来看，全流域农作物

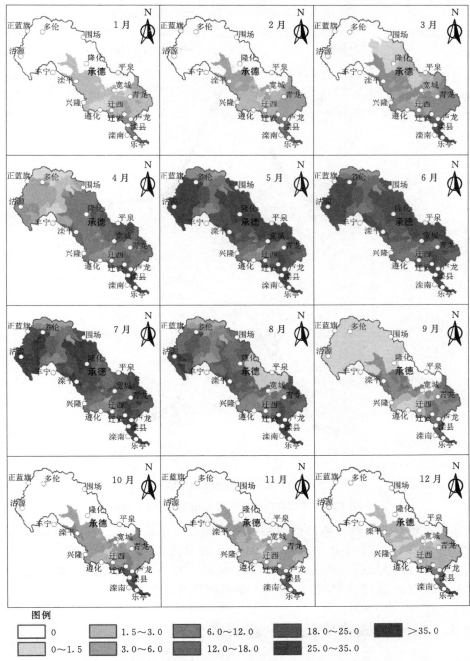

图 4.33 滦河流域典型农作物月需水过程（1958—2012 年多年平均）

注：图中需水量为流域典型农作物平均需水量（单位：mm），
该值与流域面积的乘积为流域总需水量，下同。

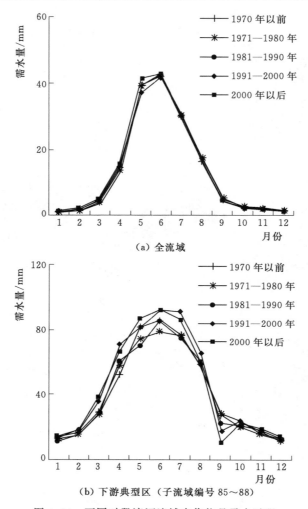

图 4.34　不同时段滦河流域农作物月需水过程

需水月过程并没有较为明显的改变，年尺度上的总量也维持在 160mm 左右（约为 73 亿 m³），1981—1990 年期间，农作物需水总量最低，其值为 154.4mm（约为 70.4 亿 m³），2000 年以后，农作物需水量最高，其值为 166.4mm（约为 75.8 亿 m³），相对于最低时段而言增加了 7.8%。

# 4.5　滦河流域林草植被生态需水估算

## 4.5.1　植被生态需水的概念及内涵

当前关于植被生态需水的概念尚不统一，许多专家学者给出了不同的定义。黄奕龙等（2005）认为"植被生态需水是在特定的尺度和环境标准下，维持植被正常生长（或维持植被生态系统健康）所需要的水量"；基于我国西北地区的生态环境特点，王芳等（2002）将植被生态需水定义为"为维护生态系统的稳定，天然生态保护与人工生态建设所消耗的水量"；闵庆文等（2004）根据农业气象学原理，认为"植被生态需水是指在其他因素不受限制的条件下，维持植被正常生长（或维持植被生态系统健康）所需要的水量"。

尽管学者们对植被生态需水的认识存在一定的差异，但对于需水的主体和生态保护的目标是一致的，即认为需水的主体是植被生态系统，生态保护的目标是维持植被正常生长（或维持植被生态系统健康），均是从植被生态系统本身的角度研究植被生态系统与水资源的关系。因此，本书的研究将在其他因素不受限制的条件下，维持植被正常生长（或维持植被生态系统健康）所需要的水量称为植被生态需水。生态需水是一个可持续和合理的水量，与植被的健康密切相关，具有上、下限两个阈值。低于或超过需水的限值，将会导致植被退化或破坏。因此，定义维持植被基本生存时所必须消耗的水量为最小生态需水量，保证植被正常生长所必需的水量为适宜生态需水量（闵庆文等，2004）。

植被生态系统需水由三部分组成：①同化需水——植物同化过程所需水量和植物体内含有的水分，这部分水分所占比例很小，仅占 0.15％～0.20％。②蒸腾耗水。③蒸发与渗漏耗水。其中前两项为植物生理过程所必需的水分，最后一项为非植物生理过程所必需，但却是植物生长环境条件形成中所需要的（Larcher，1995）。由于同化需水所占比例很小以及许多地方渗漏量较小，多以植物的蒸腾耗水与土壤蒸发耗水作为植被生态系统的需水量。生态用水指一定时段内，生态系统为维持自身的组成、结构和功能而实际消耗的水量。对于一个特定的区域、流域或生态系统，生态用水只能有一个实在发生的值，反映的是生态用水的现实状况（苗鸿，2003）。

## 4.5.2　植被生态需水计算方法

影响植被蒸散耗水的主要因素包括气象条件、土壤水分状况和植被种类。因此，一定时段内，单位面积上的林草地所需消耗的水量（林草地生态需水定额）可按如下公式进行计算（何永涛等，2004）：

$$ET_q = ET_0 \times K_c \times K_s \tag{4.16}$$

式中：$ET_q$ 为林草地生态需水定额，mm；$ET_0$ 为潜在蒸发量，mm，可由 Penman - Monteith 公式计算得到；$K_c$ 为植被系数，与植被种类和生长状况有关；$K_s$ 为土壤水分系数，与土壤质地和土壤含水量有关。

根据王改玲等（2013）的研究成果，乔木、灌木和草地的 $K_c$ 取值分别为 0.6200、0.5385 和 0.2630；对于 $K_s$ 而言，可采用 Jensen 公式进行计算（Saxton et al.，1986）：

$$K_s = \frac{\ln\left(\dfrac{S-S_w}{S^*-S_w}\times100+1\right)}{\ln101}\qquad(4.17)$$

式中：$S$ 为土壤实际含水量；$S_w$ 为土壤凋萎含水量；$S^*$ 为土壤临界含水量。

由于暂时凋萎含水量是满足林草地基本生存的下限，因此，将暂时凋萎含水量代入式（4.17）计算得到 $K_s$ 值，并进一步代入到式（4.16）计算得到的 $ET_q$，该值可认为是林草地最小生态需水定额。不同土壤类型最小生态需水定额下的 $K_s$ 值如表 4.12 所列，滦河流域林草地分布情况如图 4.35 所示。

表 4.12　　　　　　　　　　　　　最小生态需水定额下的 $K_s$

| 土壤质地 | 粗砂土 | 砂壤土 | 砂黏土 | 粉黏土 | 粉土 |
|---|---|---|---|---|---|
| $K_s$ | 0.5484 | 0.5564 | 0.5221 | 0.5387 | 0.5365 |

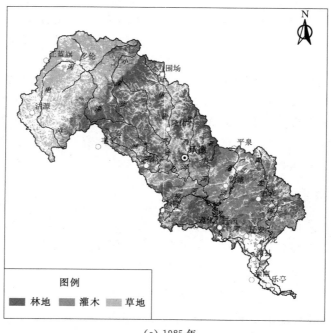

（a）1985 年

图 4.35（一）　滦河流域林草地分布情况

(b) 2000 年

图 4.35（二） 滦河流域林草地分布情况

根据式（4.15）以及表 4.12，结合滦河流域林草地分布情况，可计算得到滦河流域林草植地区域各像元的需水定额，同各子流域平均农作物需水量计算方式类似，采用下述公式可获取各子流域平均林草植被生态需水量。

$$WD_e = \frac{\sum_{i=1}^{n}(Eq_{ai} \times S_0)}{S} \tag{4.18}$$

式中：$WD_e$ 为某一子流域平均林草植被生态需水量，mm；$n$ 为某一子流域内林草地处像元个数；$S_0$ 为像元的大小，此处为 1km×1km；$S$ 为某一子流域面积，km$^2$；$Eq_{ai}$ 为第 $i$ 个像元林草植被需水定额，mm。

各子流域林草地植被平均月需水过程如图 4.36 所示。由图可知，流域林草植被需水主要集中在 4—9 月份，该时段内的需水量占全年需水量的 76.6%。流域内林草植被需水量较高的区域主要位于多伦以南和迁安以北，该地区林草植被覆盖率相对较高。从年代变化来看，林草地植被需水较为稳定，无论是年需水总量还是其月分配过程，在各时段内都没有较为明显的改变，其林草地年需水总量稳定在 240～250mm 左右（见图 4.37）。

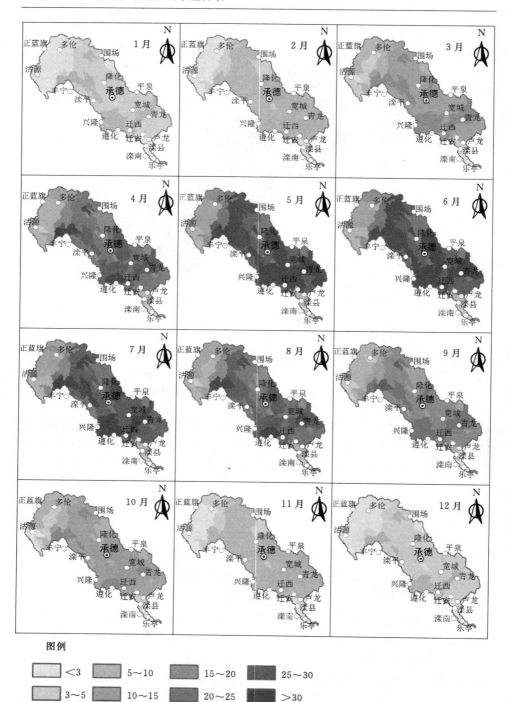

图例

| | | | |
|---|---|---|---|
| <3 | 5~10 | 15~20 | 25~30 |
| 3~5 | 10~15 | 20~25 | >30 |

图 4.36　滦河流域林草植被月需水过程（1958—2012 年多年平均）

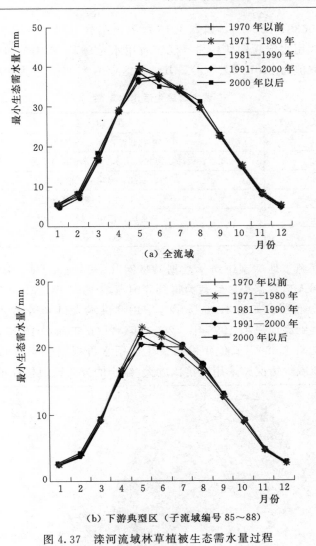

（a）全流域

（b）下游典型区（子流域编号85～88）

图4.37 滦河流域林草植被生态需水量过程

## 4.6 滦河流域城镇居民生活需水和工业需水估算

滦河流域城乡、工矿、居民用地面积约为620km²，仅占全流域面积的1.36%，因此本书的研究对于这类地区的居民生活需水和工业需水采用相对简单的方法近似估算——假设居民生活需水和工业需水均被满足，则需水量等于用水量，分别利用人口数据和工业产值数据乘以相应的用水定额即可得到需水量。具体如下。

（1）居民生活需水。居民生活用水定额可参照《城市居民生活用水量标准》（GB/T 50331—2002），如表 4.13 所列。结合《河北省用水定额》《内蒙古自治区行业用水定额标准》和《辽宁省用水定额》，本书的研究中，日用水量在承德市取值为 130L/（人·d），其他地区取值为 110L/（人·d）。

表 4.13　城市居民生活用水定额

| 日用水量/[L/（人·d）] | 适 用 范 围 |
|---|---|
| 80～135 | 黑龙江、吉林、辽宁、内蒙古 |
| 85～140 | 北京、天津、河北、山东、河南、山西、陕西、宁夏、甘肃 |
| 120～180 | 上海、江苏、浙江、福建、江西、湖北、湖南、安徽 |
| 150～220 | 广西、广东、海南 |
| 100～140 | 重庆、四川、贵州、云南 |
| 75～125 | 新疆、西藏、青海 |

人口数据源于地球系统科学数据共享网（www.geodata.cn）所提供的中国 1 公里格网人口数据集，经裁剪得到滦河流域 1995 年、2000 年、2005 年和 2010 年人口分布图，如图 4.38 所示。采用"供水人口×居民生活用水定额"的方式，可得到滦河流域 1995 年、2000 年、2005 年和 2010 年各子流域居民生活需水（见图 4.39）。其他年份居民生活用水可根据各年份 GDP 相对于典型年份增长或减少情况，采用同倍比放大/缩小的方式近似估算得到。

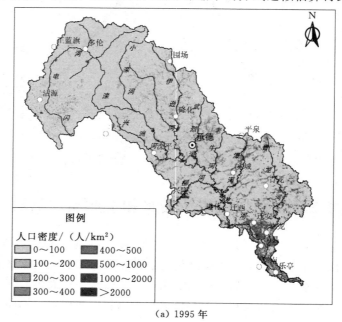

（a）1995 年

图 4.38（一）　滦河流域人口密度分布情况

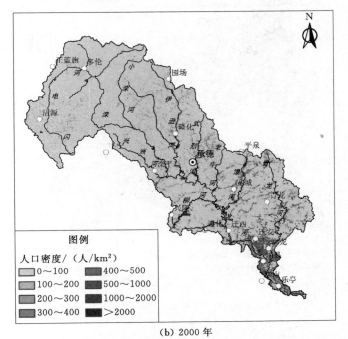

(b) 2000 年

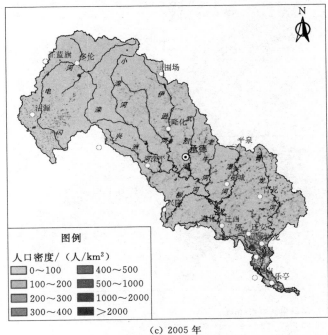

(c) 2005 年

图 4.38 （二） 滦河流域人口密度分布情况

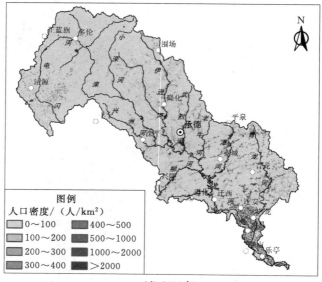

(d) 2010 年

图 4.38（三）　滦河流域人口密度分布情况

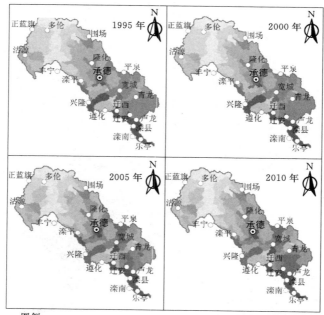

图 4.39　典型年份滦河流域居民生活需水

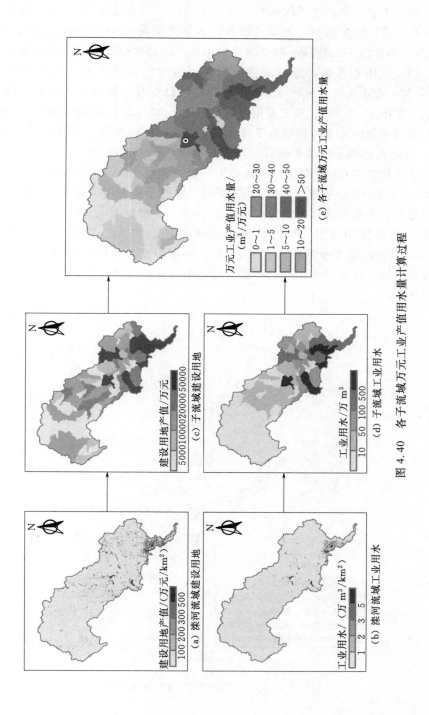

图4.40 各子流域万元工业产值用水量计算过程

（2）工业需水。本书的研究中万元工业产值用水量采用"工业总用水量/工业总产值"计算得到。地球系统科学数据共享网（www.geodata.cn）提供了2000年全国1km×1km网格的建设用地产值（此处近似认为该值为工业产值）和工业用水数据，经过裁剪可得到滦河流域建设用地产值［见图4.40（a）］和工业用水量［见图4.40（b）］，经统计汇总可得到各子流域建设用地产值［见图4.40（c）］和工业用水量［见图4.40（d）］，在此基础根据万元工业产值用水量的定义可得到各子流域万元工业产值用水量［见图4.40（e）］。

GDP数据源于地球系统科学数据共享网（www.geodata.cn）所提供的中国1公里格网GDP数据集，经裁剪得到滦河流域1995年、2000年、2005年和2010年GDP分布图，如图4.41所示。根据土地利用中城乡、工矿、居民用地分布，可获取各年份建设用地上的GDP，并根据图4.40（e）中各子流域万元工业产值用水量，可计算得到滦河流域1995年、2000年、2005年和2010年各子流域工业需水（见图4.42）。同样根据各年份GDP相对于典型年份增长或减少情况，采用同倍比放大或缩小的方式近似估算得到其他年份工业需水量。

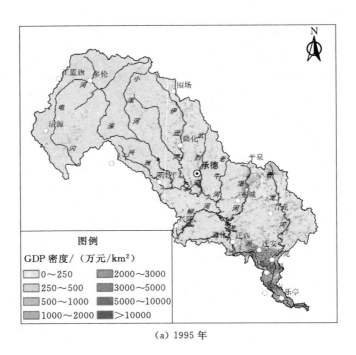

(a) 1995 年

图 4.41（一）　滦河流域 GDP 分布情况

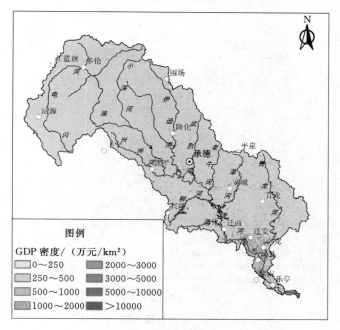

(b) 2000 年

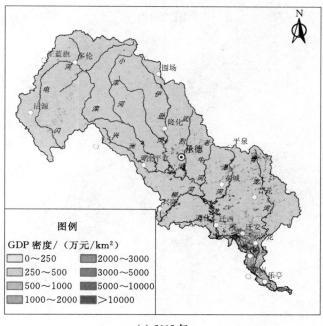

(c) 2005 年

图 4.41（二）　滦河流域 GDP 分布情况

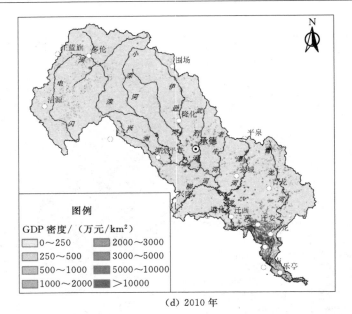

(d) 2010 年

图 4.41（三）　滦河流域 GDP 分布情况

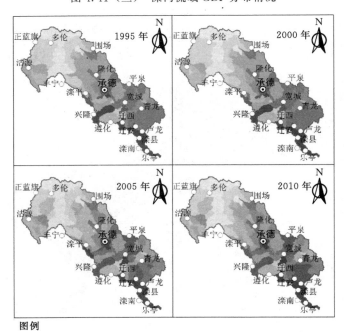

图 4.42　典型年份滦河流域工业需水

## 4.7　小结

　　本章基于气象水文以及地理信息相关数据，构建了滦河流域 SWAT 模型，并对模型参数进行了率定和校验，并利用 SWAT 模型对滦河流域水循环过程进行模拟，获取径流、土壤水分、实际蒸发等各要素变化过程，并通过"定额×规模"的方式获取了农业需水、林草地需水、居民生活和工业需水，为第 5 章中滦河流域干旱评价模型的建立提供基础数据支撑。

# 第5章 滦河流域历史干旱灾害风险评价

## 5.1 干旱灾害风险评价总体思路

由于自然灾害是由致灾因子的危险性、承灾体的脆弱性和暴露性及防灾减灾能力四个因素相互综合作用而形成的，再加以作物的损失状况是农业干旱灾害风险的核心，本书的研究结合灾害"4因子说"和灾损拟合构建了干旱灾害风险损失评估模型（见图5.1）。具体如下：①根据滦河流域供需水关系，借助PDSI旱度模式，构建干旱定量化评价指标体系，用对滦河流域的干旱事件进行评价（详见本章5.2节），并在此基础上获取滦河流域各等级干旱频率，以干旱频率来表征危险性（详见本章5.3.1节）。②对滦河流域典型地市历史旱灾损失数据进行统计分析，得到各干旱等级损失率，以此来表征脆弱性（详见本章5.3.2节）。③通过经济年鉴等资料的查询，获取典型农作物历年单产和价格，估算农作物价值量，以此来表征暴露性（详见本章5.3.3节）。④以保浇地面积占比来表征防灾减灾能力。⑤利用上述结果可获取干旱灾害风险损失量，即干旱条件下作物产量价值量损失的期望，并进一步获取综合风险损失率，在此基础上，对干旱灾害风险损失（绝对量）和风险损失率（相对量）进行归一化处理，综合得到综合风险损失指数，以此来表征最终的干旱灾害风险（详见本章5.3.4节）。

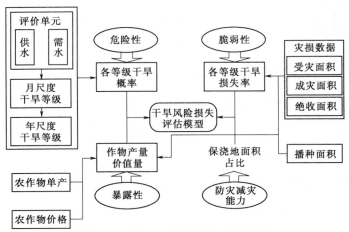

图5.1 干旱灾害风险损失评估模型

## 5.2 基于水资源供需关系的滦河流域干旱定量化评价

### 5.2.1 干旱评价指标构建

（1）滦河流域各单元逐月供水量和需水量计算。根据第 2 章的理论框架，滦河流域干旱评价中的供水量（WS）可认为是降水形成的地表水和地下水（W）与实际蒸发（$E_e$）之和，即

$$WS = E_e + W \qquad (5.1)$$

其中，W 可认为是每个水文响应单元的地表径流（$R_{surf}$）、壤中流（侧流）（$R_{lat}$）、地下径流（$R_{gw}$）三部分之和，因此，WS 的计算公式可写为：

$$W = E_a + R_{surf} + R_{lat} + R_{gw} \qquad (5.2)$$

上述参数均可由 SWAT 模型输出分项提供。

滦河需水量（WD）可认为是耕地、林草地、城镇和建设用地需水量之和，相关用水分项已在第 4 章 4.5～4.7 节予以计算得到。

（2）滦河流域干旱指数演算公式。在获取各评价单元逐月供水量和需水量后，可得到各单元逐月水资源短缺量（d）：

$$d = WS - WD \qquad (5.3)$$

参照 PDSI 干旱指数的思想，根据水资源短缺量可以求得各月水资源短缺指数（z）：

$$z = k^* \times d \qquad (5.4)$$

式中：$k^*$ 为未经过修正的水资源短缺修正系数，反映水资源短缺的时空差异性，可根据以下公式计算得到：

$$k^* = \frac{\overline{WD}}{\overline{WS}} \qquad (5.5)$$

式中：$k^*$ 为某一评价单元在某一月份的水资源短缺修正系数；$\overline{WD}$ 和 $\overline{WS}$ 分别为某一评价单元在某一月份的多年平均需水量和供水量。

但按式（5.5）计算得到的 z 值仅表示当月水资源短缺的情况，无法反映在此之前的 1 个月或者是数个月的累积影响，因此，需引入表征水资源短缺量和持续时间的函数关系式（许继军等，2010）。因此，本书的研究在统计滦河流域 88 个评价单元不同干旱持续时间（此处取 1～12 个月）与累积 z 值（∑z），取各持续时段最小的 ∑z，假定其为不同持续时间的极端干旱，令 x = −4.0作图，并将纵坐标分成四等份，绘制出另外 3 条直线，分别表示严重干

旱（$x=-3.0$）、中等干旱（$x=-2.0$）和轻微干旱（$x=-1.0$）（图 5.2）。根据图 5.2 可以确定干旱指数（$x$）与水资源短缺指数累积值（$\sum z$）和持续时间（$t$）三者间的函数关系，即

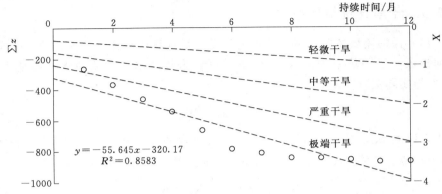

图 5.2　干旱等级与水资源短缺累积量和持续时间的关系

$$x_i = \frac{\sum\limits_{t=1}^{i} z_t}{13.91t + 80.04} \tag{5.6}$$

（3）滦河流域干旱指数累积关系的递推公式。由于前一时段的 $\sum z$ 会对后一时段的 $z$ 值造成影响，例如，如果某两个月的 $z$ 值相同，但其中一个出现在几个较湿润的月之后，而另一个出现在几个较干旱月之后，理论上来看，后者的干旱程度应该高于前者，因此，需进一步确定每个月的 $z$ 值对 $x$ 值的影响（刘巍巍等，2004）。令 $i=1$，$t=1$，式（5.6）则可写为：

$$x_1 = \frac{z_1}{93.95} \tag{5.7}$$

假设本月是干旱的开始，则：

$$x_1 - x_0 = \Delta x_1 = \frac{z_1}{93.95} \tag{5.8}$$

如果要维持上一个月的旱情，随着时间（$t$）的增加，累积的水资源短缺指数（$-\sum z$）也应该随之增加。但 $t$ 值的增加是恒定的（每月增加 1），因此，要维持上一个月的干旱指数，所需要增加（$-z$）值取决于前一时段的干旱指数，故令

$$x_i - x_{i-1} = \Delta x_1 = \frac{z_1}{93.95} + Cx_{i-1} \tag{5.9}$$

令 $t=2$，$x_i = x_{i-1} = -1$，由式（5.6）和式（5.8）可得 $C=-0.15$，则式（5.9）可写为：

$$x_i = 0.85x_{i-1} + \frac{z_i}{93.95} \tag{5.10}$$

（4）权重因子修正。式（5.4）中的 $k^*$ 仅受月需水量和月供水量平均值的影响，但实际上水资源短缺修正系数还受水资源短缺量的影响（与其绝对值的平均值成反比）。因此还需对其进一步修正。假设一年中每一个月均为极端干旱（$x_1 = x_2 = \cdots = x_{12} = -4$），则代入式（5.6）可得 $\sum z = -987.9$。这 12 个月对于任何一个评价单元而言，都可认为是极端干旱，则如若得知各评价单元最旱的 12 个月所对应的水资源短缺总和 $\sum\limits_1^{12} d$，则该评价单元的极端干旱平均权重（$\bar{k}$）可按如下公式进行计算：

$$\bar{k} = \frac{-987.9}{\sum\limits_1^{12} d} \tag{5.11}$$

计算各评价单元月平均供水量（$\overline{WS}$）、需水量（$\overline{WD}$）和缺水量（$|\bar{d}|$）和极端干旱平均权重（$\bar{k}$），可得如下回归方程（见图 5.3）：

$$k' = 1.4405 \lg\left(\frac{\dfrac{\overline{WD}}{\overline{WS}} + 52.13}{|\bar{d}|}\right) + 1.0031 \tag{5.12}$$

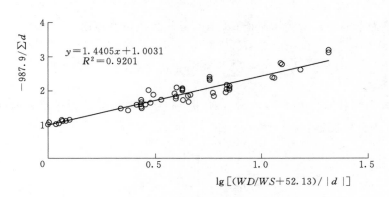

图 5.3　修正系数 $k$ 的近似拟合

按照式（5.12）可计算得到 88 个评价单元的平均 $\sum\limits_1^{12} \bar{d}k'$ 值为 296.8，对 $k'$ 进一步修正，得各评价单元的修正系数 $k$，如式（5.13）所示：

$$k = \frac{296.8}{\sum\limits_1^{12} \bar{d}k'} k' \tag{5.13}$$

根据式（5.12）、式（5.13）和式（5.4）可求得各评价单元逐月修正后的水资

源短缺指数 $z_i$，再将 $z_i$ 带入式（5.10）可评价各单元干湿等级。干旱等级划分仍采用 PDSI 的等级划分标准，如表 5.1 所列。

表 5.1　　　　　　　　　　　干 湿 等 级 划 分 标 准

| 指数 $x$ | 等级 | 指数 $x$ | 等级 | 指数 $x$ | 等级 |
|---|---|---|---|---|---|
| 4.0 | 极端湿润 | 1.00～1.99 | 轻微湿润 | −2.00～−2.99 | 中等干旱 |
| 3.00～3.99 | 严重湿润 | −0.99～0.99 | 正常 | −3.00～−3.99 | 严重干旱 |
| 2.00～2.99 | 中等湿润 | −1.00～−1.99 | 轻微干旱 | −4.00 | 极端干旱 |

## 5.2.2　干旱变化特征及结果验证

按照上述干旱评价方法，可获取滦河流域各评价单元月尺度干旱等级。本书的研究采用干旱面积占流域耕地面积的比例来表征干旱的笼罩面积（干旱率），并采用 Mann - Kendall（MK）趋势检验方法对干旱面积的变化趋势进行判别，具体如下：

$$\theta = \frac{S_d}{S_t} \times 100\% \tag{5.14}$$

式中：$\theta$ 为干旱率；$S_d$ 为干旱面积，$km^2$；$S_t$ 为流域耕地面积，$km^2$。

$$S = \sum_{i=1}^{n-1} \sum_{j=i+1}^{n} \mathrm{sgn}(\theta_j - \theta_i) \tag{5.15}$$

式中：$S$ 为统计量；$\theta_t (t=1, 2, \cdots, n; n$ 为序列长度）为干旱率时间序列；$\mathrm{sgn}(x)$ 为分段函数：

$$\mathrm{sgn}(x) = \begin{cases} 1 & x>0 \\ 0 & x=0 \\ -1 & x<0 \end{cases} \tag{5.16}$$

当 $n \geqslant 10$，统计量 $S$ 近似服从正态分布，不考虑序列中等值数据点情况：

$$E(S) = 0$$

$$\mathrm{var}(S) = \frac{n(n-1)(2n+5)}{18} \tag{5.17}$$

式中：$E(S)$ 为均值；$\mathrm{var}(S)$ 为方差。

标准化的检验统计量 $Z_{\mathrm{MK}}$ 可采用如下公式计算：

$$Z_{MK} = \begin{cases} \dfrac{S-1}{\sqrt{\mathrm{var}(S)}} & S>0 \\ 0 & S=0 \\ \dfrac{S+1}{\sqrt{\mathrm{var}(S)}} & S<0 \end{cases} \qquad (5.18)$$

采用双侧检验，在 $\alpha$ 显著水平下，如果 $|Z_{MK}|>Z(1-\alpha/2)$，拒绝无趋势的原假设，即认为在序列 $\theta_t$ 中存在有增大或减小的趋势；否则接受序列 $\theta_t$ 无趋势的假设。$Z(1-\alpha/2)$ 是概率超过 $1-\alpha/2$ 标准正态分布的值。

图 5.4 为 1973—2012 年期间滦河流域不同等级干旱月平均面积的年际变化。从图中可以看出，近 40 年来，滦河流域轻微和中度干旱面积波动上升，1973—2012 年期间，这两类干旱面积增加速率为 2.83%/10a（311.1km²/10a）和 1.91%/10a（209.8km²/10a）；严重和极端干旱面积呈现出略微下降

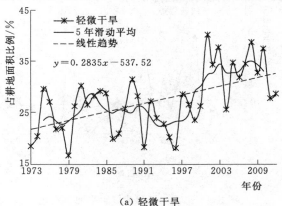

（a）轻微干旱

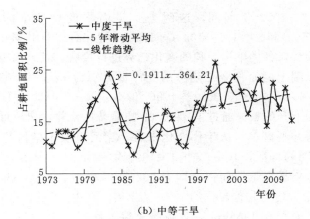

（b）中等干旱

图 5.4（一）　滦河流域干旱面积变化

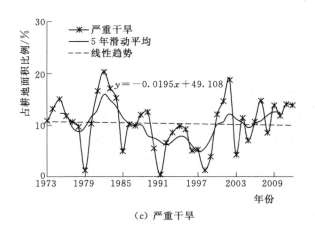

（c）严重干旱

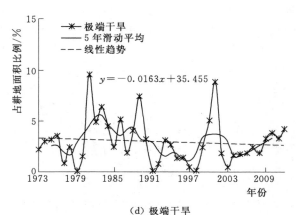

（d）极端干旱

图 5.4（二）　滦河流域干旱面积变化

的趋势，1973—2012 年期间，这两类干旱面积变化速率为 $-0.19\%/10a$（$-21.4km^2/10a$）和 $-0.16\%/10a$（$-17.9km^2/10a$）。采用 Mann-Kendall 非参数统计检验法对各类干旱面积的变化趋势进行检验，其结果表明：轻微、中度、严重和极端干旱面积变化趋势的统计量分别为 $Z_{轻微}=3.05>1.96$、$Z_{中度}=2.82>1.96$、$Z_{严重}=-0.30>-1.96$ 和 $Z_{极端}=-0.16>-1.96$，即轻微和中度干旱面积上升的趋势通过了 $\alpha=0.05$ 的显著性检验，而严重和极端干旱面积的减少趋势并不显著。从年代变化来看，滦河流域干旱情势整体上表现出"增—减—增"的特征，其中，1981—1990 年和 2001—2012 年流域干旱形势较为严峻，多年平均干旱面积分别为 $6624km^2$ 和 $7479km^2$，占流域总耕地面积的 60% 以上，约为其他年代的 $1.3\sim1.4$ 倍，其中，1981—1990 年期间，严重及以上干旱面积为 $1906km^2$，占流域总耕地面积的 17.4%，为年代最高值（见图 5.5）。根据《海河流域水旱灾害》中记载，20 世纪 80 年代海河流域干

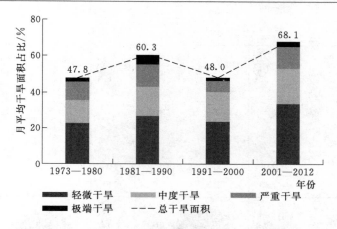

图5.5 各时段月平均干旱面积占耕地面积比例

旱频发（统计时段为 1949—1990 年），且《河北省水旱灾害》中也记载，1980—1984 年河北省 5 年连旱（统计时段为 1949—1990 年）。本书的研究和资料记载均显示 20 世纪 80 年代为干旱情势严重时段。

此外，《河北省水旱灾害》中记载 1989 年春、夏、秋三季连旱导致河北省粮食减产 19.52 亿 kg。其中，滦河流域受灾面积 496 万亩，成灾面积 400 万亩，减产粮食 2.22 亿 kg，受灾人口 169 万人。滦河上游隆化、丰宁等地区和下游秦皇岛、青龙等地区遭受极旱灾，中游承德等地区遭受重旱灾。根据本书研究中的干旱评价方法，对 1989 年逐月干旱进行评价，其结果如图 5.6 所示，上游隆化以北以及下游右岸青龙等地区干旱情势较为严重，其干旱空间分布特征与记载中较为一致。

图 5.7 为滦河流域 1973—2012 年期间各等级干旱发生频率的空间分布图。从总体干旱发生频率来看，滦河流域干旱事件主要集中在中游冀北山地丘陵区，如隆化、滦平、承德、宽城等。从不同等级干旱发生频率来看，轻微干旱多发生在承德的西南部和滦平等地区；中度干旱多发生在承德的东北部、隆化和宽城等地区；严重干旱多发生于围场和隆化等地区；极端干旱则大都集中在围场、多伦和沽源等地区。

图 5.8 为不同干旱频率下区域面积占比。由图可知，滦河流域多以轻微干旱和中等干旱为主，其中，轻微干旱发生频率在 20% 以上和 30% 以上的区域约占全流域耕地面积的 61.5% 和 46.1%，中等干旱发生频率在 10% 以上和 20% 以上的区域约占全流域耕地面积的 76.8% 和 38.4%；而严重干旱和极端干旱发生频率相对较小，对于严重干旱而言，仅有 10.9% 的耕地发生严重干旱的频率超过 20%，但 77.2% 的耕地发生该类干旱的频率不到 5%，极端干旱发生的频率更小，滦河流域 89.3% 以上的耕地发生极端干旱的频率不到 5%。

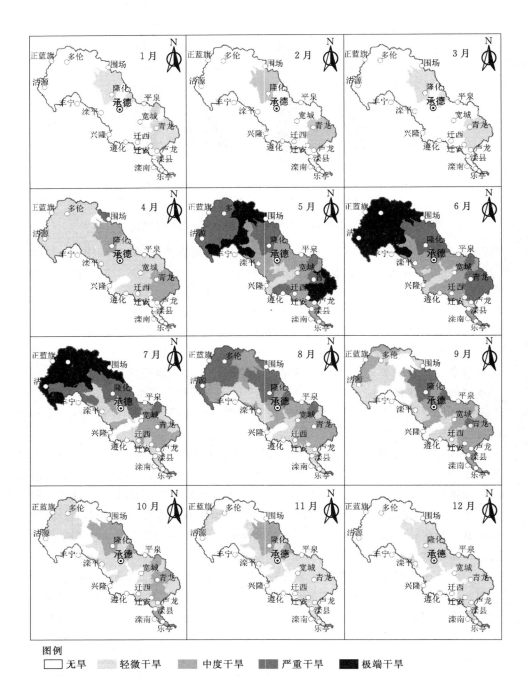

图例
□ 无旱　　轻微干旱　　中度干旱　　严重干旱　　■ 极端干旱

图 5.6　1989 年 1—12 月干旱等级空间分布图

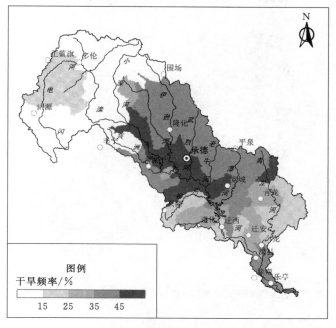

（a）轻微干旱

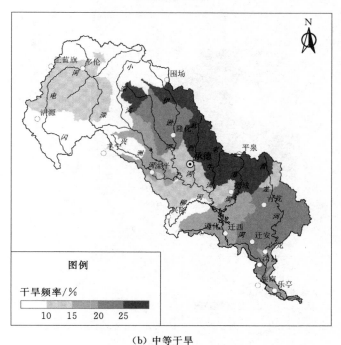

（b）中等干旱

图 5.7（一） 不同等级干旱发生频率（1973—2012 年）

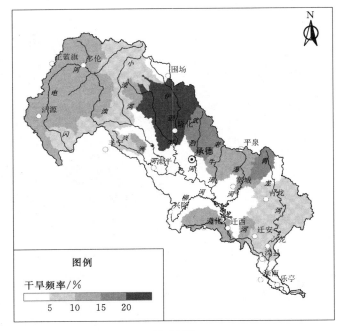

（c）严重干旱

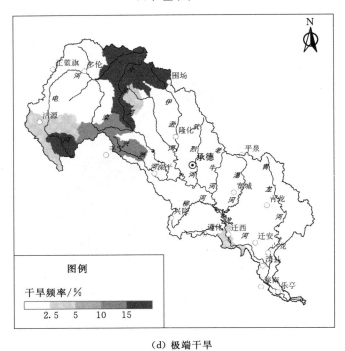

（d）极端干旱

图 5.7（二）　不同等级干旱发生频率（1973—2012 年）

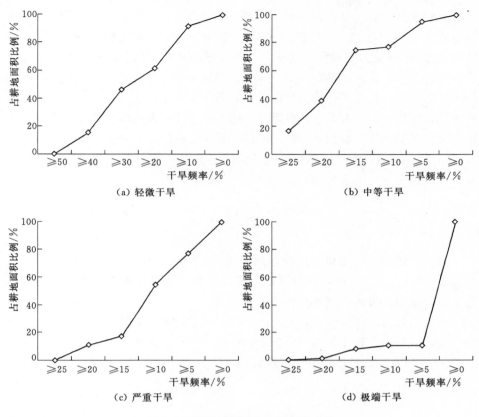

图 5.8 各频率下区域干旱面积占比

## 5.3 滦河流域干旱灾害风险评价

依据"风险＝发生概率×损失"的评估思路，在确定评价对象后，对 5.2 节中干旱等级评价方法进行改进，构建典型农作物干旱等级评价模型，获取各年份典型农作物干旱等级及其发生概率；基于历史旱灾灾情损失情况分析，获取不同作物各干旱等级损失率；结合各评价单元农作物的播种面积和抗旱能力，计算农作物在干旱背景下损失量的期望，并对滦河流域干旱灾害风险进行分区评价。

### 5.3.1 各作物生育期内干旱频率

按 5.2 节中的干旱评价方法得到的是各月份的干旱等级，并不是具体针对某种作物，而本书中主要是对农业干旱灾害风险进行评价，因此，需要在月干旱等级的基础上对典型作物生育期内的干旱等级进行评价，其典型作物分别为春小麦、春玉米、冬小麦和夏玉米。本书的研究采用模糊集对分析法（FSPAAM）结合月尺度干旱等级对滦河流域历年典型农作物生育期内的干旱等级进行分析，该方法是在集对评价法的基础上进一步完善，充分考虑了等级标准边界的模糊性以及评价指标的不同权重。本书的研究以各个评价单元逐月的干旱指标值（$x_i$）为指标，根据指标的大小来评价典型农作物生育期内的干旱等级（严登华等，2013），评价样本的逐月指标值 $x_l(l=1,2,\cdots,m)$ 可看成一个集合 $A_l$，为了简化评价过程，将各指标 1 级（非干旱状况下）评价标准构成集合 $B$，则集对 $H(A_l,B)$ $K$ 元联系度为：

$$\mu=\mu_{A_l\sim B}=\sum_{l=1}^{m}\omega_l a_l+\sum_{l=1}^{m}\omega_l b_{l,1}i_1+\sum_{l=1}^{m}\omega_l b_{l,2}i_2+\cdots+\sum_{l=1}^{m}\omega_l b_{l,K-2}i_{K-2}+\sum_{l=1}^{m}\omega_l c_l j$$

$$(5.19)$$

其中，依据表 5.1 划分标准，此处 $K=5$；$m$ 为指标个数，此处 $m=12$，代表 12 个月；$\omega_l$ 为各指标的权重，本书的研究以各单元典型农作物逐月平均需水量占总需水量的比例作为各个月的权重。

由于门限值 $s_t(t=1,2,\cdots,K-1)$ 的边界具有模糊性，借助模糊分析法，将式（5.19）转化为式（5.20）（Wang et al.，2009）：

$$\left.\begin{aligned}
\mu_{A_l\sim B}&=1+0i_1+0i_2+\cdots+0i_{K-2}+0j\,(x_1\leqslant s_1)\\
\mu_{A_l\sim B}&=\frac{s_1+s_2-2x_l}{s_2-s_1}+\frac{2x_l-2s_1}{s_2-s_1}i_1+0i_2+\cdots+0i_{K-2}+0j\left(s_1<x_l\leqslant\frac{s_1+s_2}{2}\right)\\
\mu_{A_l\sim B}&=0+\frac{s_2+s_3-2x_l}{s_3-s_1}i_1+\frac{2x_l-s_1-s_2}{s_3-s_1}i_2+\cdots+0i_{K-2}+0j\left(\frac{s_1+s_2}{2}<x_l\leqslant\frac{s_2+s_3}{2}\right)\\
\mu_{A_l\sim B}&=0+0i_1+\cdots+\frac{2s_{K-1}-2x_l}{s_{K-1}-s_{K-2}}i_{K-2}+\frac{2x_l-s_{K-2}-s_{K-1}}{s_{K-1}-s_{K-2}}j\left(\frac{s_{K-1}+s_{K-2}}{2}<x_l\leqslant s_{K-1}\right)\\
\mu_{A_l\sim B}&=0+0i_1+0i_2+\cdots+0i_{K-2}+1j\,(x_l\geqslant s_{K-1})
\end{aligned}\right\}$$

$$(5.20)$$

依据置信度准则判断某一农作物生育期所属于干旱等级（程乾生，1997）：

$$h_k=(f_1+f_2+\cdots+f_k)>\lambda(k=1,2,\cdots,K) \qquad (5.21)$$

其中

$$f_1=\sum_{l=1}^{m}\omega_l a_l,\ f_2=\sum_{l=1}^{m}\omega_l b_{l,1}i_1,\cdots,f_{K-1}=\sum_{l=1}^{m}\omega_l b_{l,K-2}i_{K-2},\ f_K=\sum_{l=1}^{m}\omega_l c_l$$

$$(5.22)$$

$\lambda$ 为置信度，一般 $0.5<\lambda<0.7$，本次取 $\lambda=0.6$。

以第 88 个评价单元 2012 年冬小麦生育期内干旱等级评价为例，利用式（5.19）计算各集对 $H(A_l,B)$ $(l=1,2,\cdots,12)$ 的 5 元联系度 $\mu_{A_l\sim B}=a_l+$

$b_{l,1}i_1 + b_{l,2}i_2 + b_{l,3}i_3 + c_lj$，结果见表 5.2 第 5～9 列。根据权重 $\omega$ 和式（5.17）可计算集对 $H(A，B)$ 的联系度为 $\mu_{A\sim B} = f_1 + f_2i_1 + f_3i_2 + f_4i_3 + f_5j = 0 + 0i_1 + 0.243i_2 + 0.298i_3 + 0.459j$，由式（5.22）计算得 $h_4 = 0.541 < \lambda$，$h_5 = 1 > \lambda$，判定第 88 个评价单元 2012 年冬小麦生育期干旱等级为 5 级（无旱）。按照上述方法可获取 1973—2012 年期间春小麦、春玉米、冬小麦和夏玉米生育期内历年干旱等级，进而得到各作物生育期内的干旱频率（见图 5.9）。

**表 5.2**         **第 88 个评价单元集对 $H(A_l，B)$ 的联系度计算结果**

| $L$ | $x_i$ | $\omega$ | 联系度 | $a$ | $b_1$ | $b_2$ | $b_3$ | $c$ |
|---|---|---|---|---|---|---|---|---|
| 1 | −0.573 | 0.022 | $\mu_{A_1\sim B}$ | 0 | 0 | 0 | 0 | 1 |
| 2 | −0.551 | 0.032 | $\mu_{A_2\sim B}$ | 0 | 0 | 0 | 0 | 1 |
| 3 | −0.609 | 0.071 | $\mu_{A_3\sim B}$ | 0 | 0 | 0 | 0 | 1 |
| 4 | −1.121 | 0.200 | $\mu_{A_4\sim B}$ | 0 | 0 | 0 | 0.242 | 0.758 |
| 5 | −2.214 | 0.329 | $\mu_{A_5\sim B}$ | 0 | 0 | 0.714 | 0.286 | 1 |
| 6 | −1.550 | 0.164 | $\mu_{A_6\sim B}$ | 0 | 0 | 0.050 | 0.950 | 1 |
| 7 | −1.039 | 0.000 | $\mu_{A_7\sim B}$ | 0 | 0 | 0 | 0.078 | 0.922 |
| 8 | 2.055 | 0.000 | $\mu_{A_8\sim B}$ | 0 | 0 | 0 | 0 | 1 |
| 9 | 2.095 | 0.036 | $\mu_{A_9\sim B}$ | 0 | 0 | 0 | 0 | 1 |
| 10 | 1.919 | 0.077 | $\mu_{A_{10}\sim B}$ | 0 | 0 | 0 | 0 | 1 |
| 11 | 2.085 | 0.046 | $\mu_{A_{11}\sim B}$ | 0 | 0 | 0 | 0 | 1 |
| 12 | 1.787 | 0.024 | $\mu_{A_{12}\sim B}$ | 0 | 0 | 0 | 0 | 1 |
| | | | $\mu_{A\sim B}$ | 0 | 0 | 0.243 | 0.298 | 0.459 |

## 5.3.2 各等级干旱损失率

本书的研究采用干旱损失率来表征不同区域农作物在当前抗旱条件下的干旱易损性特征，即不同强度干旱事件所导致的农作物减产率。干旱损失率依据《干旱评估标准》中的公式计算，即下述中的式（5.23）。该公式是通过灾情与灾损的模拟所得到的，涉及的统计要素包括播种面积、受灾面积、成灾面积和绝收面积。

$$L = I_3 \times 90\% + (I_2 - I_3) \times 55\% + (I_1 - I_2) \times 20\% \qquad (5.23)$$

式中：$L$ 为综合损失率，%；$I_1$ 为受灾（减产 1 成以上）面积占播种面积的比例；$I_2$ 为成灾（减产 3 成以上）面积占播种面积的比例；$I_3$ 为绝收（减产 8 成以上）面积占播种面积的比例，其中，$I_1$、$I_2$ 和 $I_3$ 均用小数表示。

图 5.10 为滦河流域典型地级市——唐山市、秦皇岛市、张家口市和承德市 1990—2012 年期间播种面积、受灾面积、成灾面积和绝收面积年际变化情

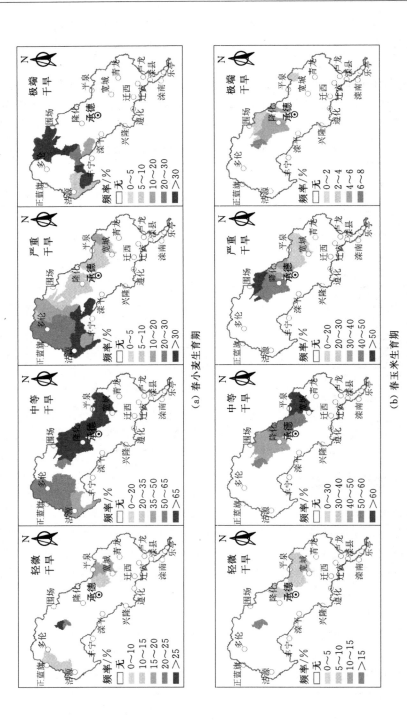

(a) 春小麦生育期

(b) 春玉米生育期

图 5.9 (一)　不同等级干旱发生频率 (分作物)

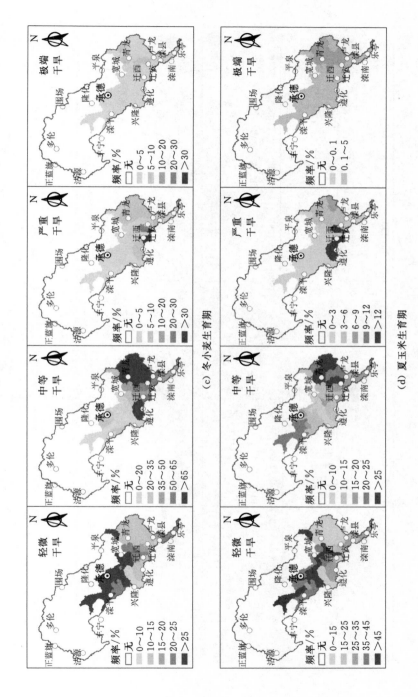

（c）冬小麦生育期

（d）夏玉米生育期

图 5.9（二） 不同等级干旱发生频率（分作物）

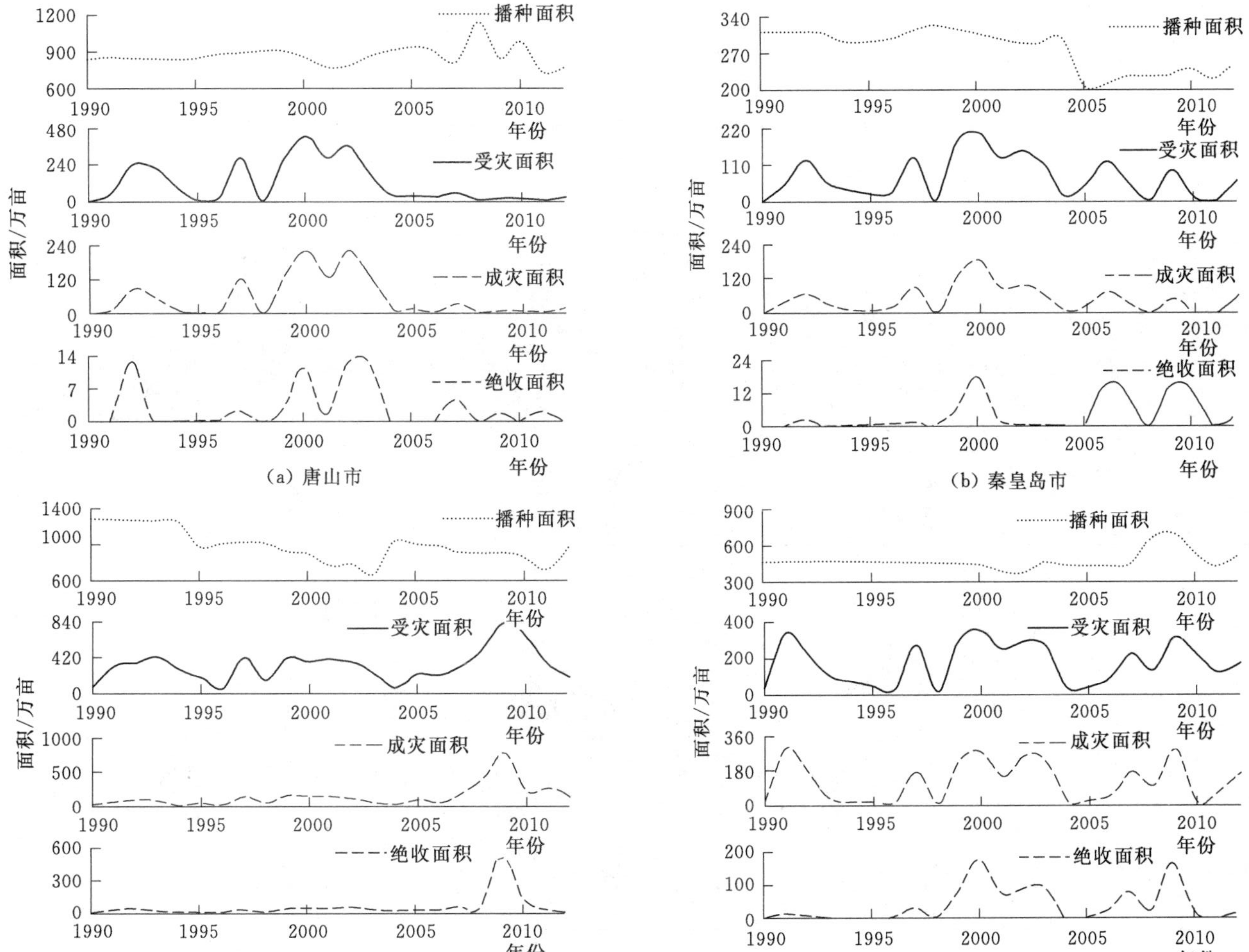

图 5.10 滦河流域典型地级市历年播种面积、受灾面积、成灾面积和绝收面积

(a) 唐山市

(b) 秦皇岛市

(c) 张家口市

(d) 承德市

况。按照式（5.23）可获取该时段内 4 个典型地市历年综合损失率，如图
5.11 所示。将各典型地市的综合损失率作为样本，将所有地市的综合损失率
作为样本集，利用动态聚类法将该样本集分成 4 类，将各类中心值作为轻微干
旱、中等干旱、严重干旱和极端干旱下的损失率均值。本书的研究选用 K -
means 动态聚类分析法对样本进行聚类（章龙飞等，2013），可借助 SPSS 统
计分析软件予以实现，得到如表 5.3 所示的各干旱等级的平均损失率。

表 5.3 干旱等级综合平均损失率

| 旱灾等级 | 轻微干旱 | 中等干旱 | 严重干旱 | 极端干旱 |
|---|---|---|---|---|
| 损失率/% | 5 | 21 | 43 | 66 |

上述表 5.3 所列出的仅表示总体损失情况，但由于各评价单元内的典型农
作物并不一样，不同作物对水分亏缺的敏感性存在一定的差异性，即在相同缺
水条件下，各类作物的损失情况并不一样，因此，需进一步对上述干旱等级平
均损失率进行修正，以区分不同作物之间的差异。在 FAO 灌溉与排水第 33
号分册中给出了作物-水分生产函数式，用以预报水分胁迫条件下作物的减产
量，该方程中涉及一个产量响应因子（$K_y$），该因子可描述因土壤缺水引起标
准条件下作物的腾发量减少而造成相对产量降低情况。因此，本书的研究以
$K_y$ 修正表 5.3 中的综合平均损失率，得到评价单元各典型作物平均损失率
（见图 5.12）。

$$D = K_y \times L_m \tag{5.24}$$

式中：$D$ 为修正后的各典型作物平均损失率；$L_m$ 为未修正的干旱等级平均损
失率，即表 5.3 中所列数值；$K_y$ 为产量响应因子，参照 FAO 推荐的数值，如
表 5.4 所示（Allen et al.，1998）。

表 5.4 典型作物量响应因子

| 作物 | 冬小麦 | 春小麦 | 玉米 |
|---|---|---|---|
| $K_y$ | 1.05 | 1.0 | 1.25 |

## 5.3.3 作物产量价值量

作物产量可表征干旱条件下评价单元的暴露性。本书的研究选用近几年来
单产均值来代表在当前抗旱能力下，评价单元在无旱条件下的单产能力。由于
各分区的资料难以获取，本书的研究通过查阅《河北经济年鉴（2013）》获取
1978—2012 年期间河北省地区小麦和玉米的单产（见图 5.13），选用近 5 年来
（2008—2012 年）的多年平均值作为研究区的单产能力。即本书的研究中，认
为小麦和玉米的单产分别为 5231kg/hm² 和 5174kg/hm²。此外，小麦和玉米

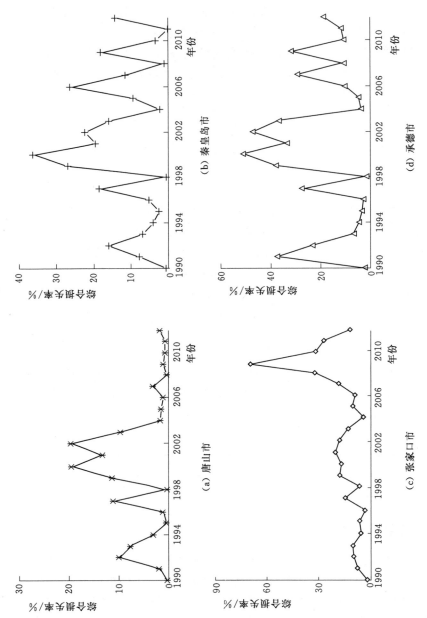

图 5.11　滦河流域典型地级市历年年综合损失率

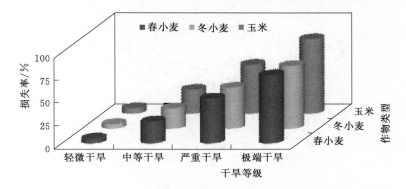

图 5.12　修正后典型作物干旱等级平均损失率

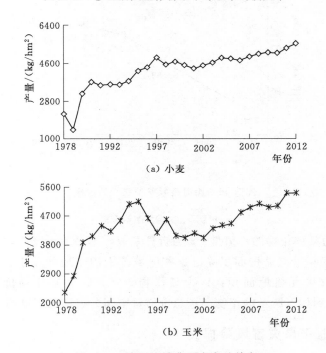

图 5.13　滦河流域典型农产品单产

的价格源于《全国农产品成本收益资料汇编（2014）》，该资料中记载了
2008—2013 年期间，小麦和玉米的出售价格（见图 5.14），同样选用近 5 年来
的多年平均值作为典型农产品的价格，即研究中认为小麦和玉米出售价格分别
为 100.7 元/50kg 和 95.7 元/50kg。播种面积可通过土地利用中耕地的面积折
算近似获取。

　　在上述基础上，通过如下公式可将各评价单元中典型作物产量转化成价
值量

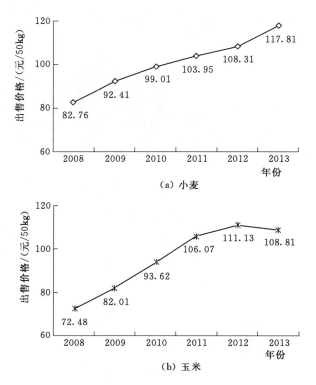

图 5.14　滦河流域典型农产品价格

$$MV = \alpha \times S \times Y \times V \tag{5.25}$$

式中：$MV$ 为某种作物的价值量；$\alpha$ 为折算系数，本书的研究中，利用图 5.10 中典型地市多年平均播种面积除以这些区域范围内土地利用中耕地的面积获取；$S$ 各评价单元耕地面积；$Y$ 为某作物单产；$V$ 为某作物价格。通过式 (5.25) 可得到如下所示的作物产量总价值量空间分布情况（见图 5.15）。

## 5.3.4　农业干旱灾害风险损失

### 5.3.4.1　干旱灾害风险损失量

干旱灾害风险损失量可认为是干旱条件下作物产量价值量损失的期望。根据上述各分项的结果，本书的研究构建如下作物干旱灾害风险损失价值量评估模型（徐新创，2011）。

$$LV = (1-k) \sum_{i=1}^{n} \sum_{j=1}^{m} D_{ij} P_{ij} (\alpha S Y_j V_j) C_j \tag{5.26}$$

式中：$LV$ 为某一评价单元作物干旱灾害风险损失价值量；$k$ 为保浇地面积占

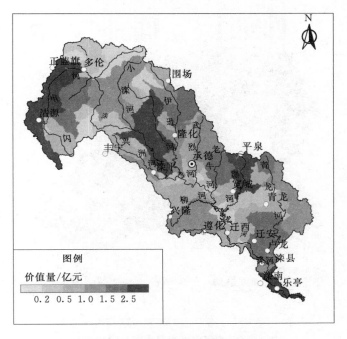

图 5.15　滦河流域典型作物产量价值量

比，其大小可反映评价单元的抗旱能力；孙世刚等人的研究认为河北省地大体上保浇地、半水浇地、旱地各占 1/3（孙世刚，2009），因此此处取 $k=0.33$ 作为近似值估算；$i$ 为干旱等级，取值为 1（轻微干旱）、2（中等干旱）、3（严重干旱）和 4（极端干旱）；$j$ 为作物类型，取值为 1（冬小麦）、2（春小麦）和 3（玉米）；$D_{ij}$ 为修正后各作物干旱等级平均损失率；$P_{ij}$ 为干旱发生的概率；$\alpha$ 为折算系数；$S$ 为耕地面积；$Y_j$ 为某种作物单产；$V_j$ 为某作物价格；$C_j$ 为判断参数，当评价单元存在某一作物时，其值为 1，否则为 0。按照上式可计算得到各评价单元干旱灾害风险损失量，如图 5.16 所示。

### 5.3.4.2　综合干旱灾害风险损失率

本书认为综合风险损失率为干旱灾害风险损失量（见图 5.16）占农作物总产量价值量的比例（见图 5.15），其计算公式如下：

$$R=\frac{LV}{Y} \tag{5.27}$$

式中：$R$ 为某一评价单元综合干旱灾害风险损失率；$LV$ 为某一评价单元干旱灾害风险损失量；$Y$ 为某一评价单元农作物总产量价值量。按上式可计算得到各评价单元综合干旱灾害风险损失率，如图 5.17 所示。

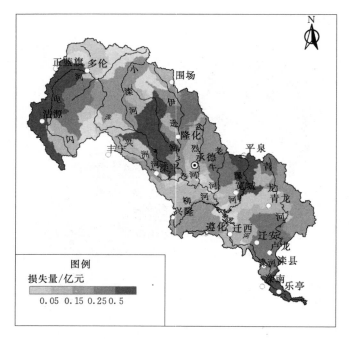

图 5.16　滦河流域干旱灾害风险损失量

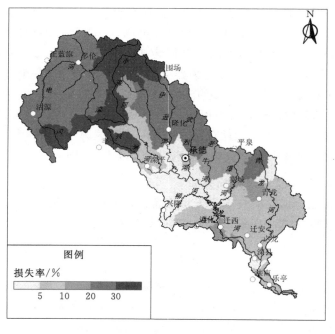

图 5.17　滦河流域干旱灾害风险损失率

### 5.3.4.3 综合干旱灾害风险损失指数

上述干旱灾害风险损失率（见图 5.17）为损失相对值，而干旱灾害风险损失量（见图 5.16）为损失的绝对值，本书的研究分别将干旱灾害风险损失率和损失量标准化后，按如下公式计算各评价单元干旱灾害风险损失指数（徐新创，2011）。

$$RD = \frac{Q+S}{2} \tag{5.28}$$

式中：$RD$ 为综合干旱灾害风险损失指数；$Q$ 和 $S$ 分别为干旱灾害风险损失量和干旱灾害风险损失率标准化后的结果，标准化过程如式（5.29）所示。

$$\left. \begin{array}{l} Q_i = \dfrac{LV_i - LV_{\min}}{LV_{\max} - LV_{\min}} \\[3mm] S_i = \dfrac{R_i - R_{\min}}{R_{\max} - R_{\min}} \end{array} \right\} \tag{5.29}$$

式中：$Q_i$ 和 $S_i$ 分别为某一评价单元标准化后的干旱灾害风险损失量和干旱灾害风险损失率，此处 $i = 1、2、\cdots、88$，下同；$LV_i$ 和 $R_i$ 分别为某一评价单元干旱灾害风险损失量和干旱灾害风险损失率；$LV_{\max}（LV_{\min}）$ 和 $R_{\max}（R_{\min}）$ 分别为干旱灾害风险损失量最大（最小）值和干旱灾害风险损失率最大（最小）值。

利用式（5.28）和式（5.29）可计算得到各评价单元综合干旱灾害风险损失指数，并在 ArcGIS 平台上采用自然断点法（natural break）将其分成 5 级：低风险、中低风险、中风险、中高风险和高风险（见表 5.5），以此划分滦河流域内各干旱灾害风险等级区（见图 5.18）。

表 5.5　　　　　　　　　滦河流域干旱灾害风险分区分级标准

| 风险指数 | 低风险 | 中低风险 | 中风险 | 中高风险 | 高风险 |
|---|---|---|---|---|---|
| $RD$ | ≤0.10 | 0.10～0.19 | 0.19～0.37 | 0.37～0.58 | ≥0.58 |

从图 5.18 可看出，滦河流域干旱灾害风险相对较高的地区主要位于上游的沽源县、丰宁满族自治县、多伦县、围场满族蒙古族自治县、中游的隆化县、承德县和平泉县；中游右岸地区和下游平原地区干旱灾害风险相对较低。流域内约有 65% 的耕地位于中等及以上风险区，其中，位于中风险区、中高风险区和高风险区的耕地面积分别占耕地总面积的 13.3%、36.4% 和 15.7%。由此可知，滦河流域整体干旱灾害风险较大（见图 5.19）。

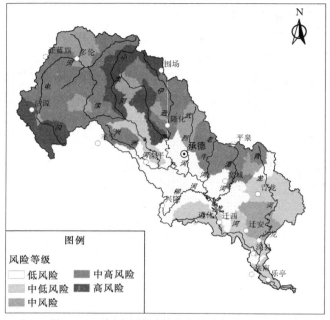

图 5.18　滦河流域干旱灾害风险损失分区图

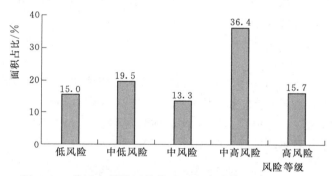

图 5.19　位于各风险区的耕地面积占总耕地面积的比例

## 5.4　滦河流域干旱灾害风险变化

### 5.4.1　不同时段干旱灾害风险区变化

　　本书的研究以 1990 年为节点，对比分析 1990 年前后滦河流域干旱灾害风险区的空间变化。1973—1990 年和 1991—2012 年两个时段的干旱灾害风险计算仍采用上述方法。只是在 1973—1990 年的干旱灾害风险计算过程中，需通过历年物价指数增长率将该时段内的农作物价格换算成 2008—2013 年期间价值当量，且该时段内的耕地面积根据 1985 年土地利用获取。经分析得到如图 5.20

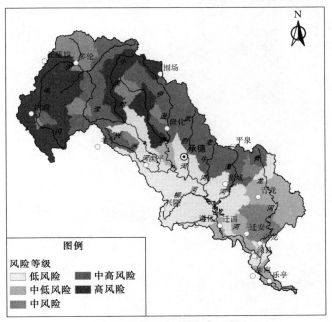

（a）1990 年以前干旱灾害风险

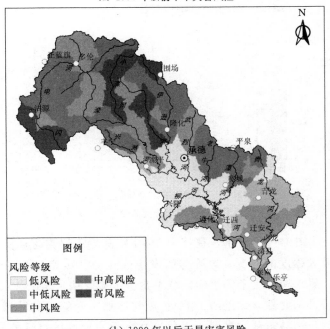

（b）1990 年以后干旱灾害风险

图 5.20（一） 1990 年前后滦河流域干旱灾害风险变化

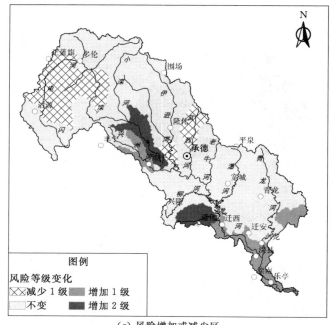

（c）风险增加或减少区

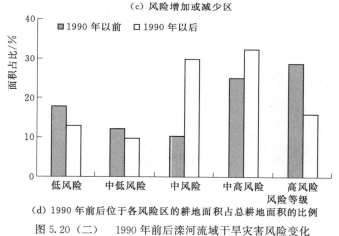

（d）1990 年前后位于各风险区的耕地面积占总耕地面积的比例

图 5.20（二）　1990 年前后滦河流域干旱灾害风险变化

所示的结果。从图中可以看出，整体上 1990 年前后干旱灾害风险的空间分布特征并没有较大程度的改变，风险等级发生改变的区域相对较少，见图 5.20（a）和（b）。风险减少 1 个等级的区域主要位于多伦县、隆化县东部（武烈河流域）和滦平县东北部（伊逊河下游）；风险增加 1 个等级的区域主要位于中游的丰宁满族自治县东部（兴洲河下游）和下游平原地区（迁西县、迁安县、卢龙县、滦县等）；风险增加 2 个等级的地区主要位于隆化县西南部和兴隆县东北部，见图 5.20（c）。虽然位于高风险区的耕地面积占比由 28.6% 降低为

15.7%，但有 16.8% 的耕地由低风险或中低风险向更高一级的风险转变。全流域位于中等及以上风险区的耕地面积占比由 63.7% 提升至 77.8%。流域干旱灾害风险变化并非"两极分化"，而是呈现出"高者降低，低者升高"的特点。

## 5.4.2  土地利用/覆被变化对干旱灾害风险的影响

土地利用/覆被变化在一定程度上会改变流域水循环过程，从而导致可供水量的变化，此外，部分地区耕地或是居工地的扩张在一定程度上会增加区域需水量，从而导致供需水关系改变，综合作用下，使得区域干旱灾害风险发生了改变。本书认为 1973—1990 年为基准期，1991—2012 年为变化期，假定 1990 年以后，下垫面条件与 1973—1990 年期间一致，而气象条件仍为 1991—2012 年的状况，在该条件下，通过 SWAT 模型获取各评价单元的供水分项，同时，按照上一章 4.5 节中的方法估算不同土地利用类型上的需水量，进而得到各评价单元的干旱等级。在此基础上，按照本章 5.3 节中的风险评价方法，可以进一步得到 1991—2012 年期间的干旱灾害风险，认为该干旱灾害风险是在同等气象驱动下，下垫面条件为天然期时的干旱灾害风险（还原后干旱灾害风险），将该干旱灾害风险与 1991—2012 年期间实际干旱灾害风险对比（还原前干旱灾害风险），两者之间的差异可认为是土地利用/覆被变化所造成的影响。

图 5.21（a）还原后的干旱灾害风险，与 1991—2012 年期间实际干旱灾

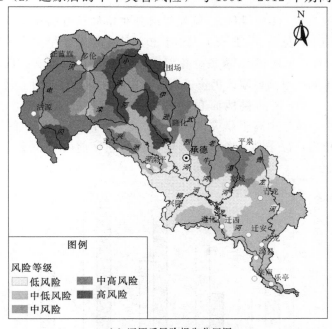

（a）还原后风险损失分区图

图 5.21（一）  滦河流域 1991—2012 年期间干旱灾害风险还原

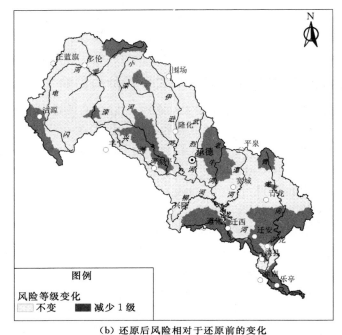

**（b）还原后风险相对于还原前的变化**

图 5.21（二） 滦河流域 1991—2012 年期间干旱灾害风险还原

害风险［见图 5.20（b）］相比，风险等级分布格局没有明显变化，部分地区的风险等级偏小，见图 5.21（b），约有 30％的耕地上干旱灾害风险等级增加 1 级，总体来看，土地利用/覆被变化对干旱灾害风险的影响并没起到决定性作用，滦河流域干旱高风险区仍位于上游和中游左岸。经统计，还原后位于中高等级及以上风险区的耕地面积约占总耕地面积的 42.0％，为还原前的 87.6％，其中，位于中高干旱灾害风险区的耕地面积为还原前的 96.7％，还原前后大体相当；位于高风险区的耕地面积为还原前的 69.0％，减少了近 3 成（见图 5.22）。

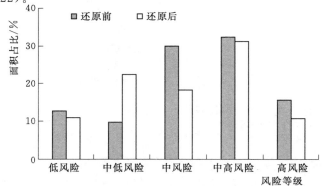

图 5.22 1991—2012 年期间还原前和还原后的干旱灾害风险对比

## 5.5 小结

本章利用第 4 章 SWAT 模型模拟结果和需水计算结果，根据第 2 章中干旱及干旱灾害风险评价方法，构建滦河流域干旱评价模型和滦河流域干旱灾害风险评价模型，对干旱演变规律和干旱灾害风险时空变化进行分析。结果表明：滦河流域干旱情势整体上表现出"增—减—增"的特征，其中，1981—1990 年和 2001—2012 年流域干旱形势较为严峻，干旱事件主要集中在中游冀北山地丘陵区，如隆化、滦平、承德、宽城等，以轻微干旱和中等干旱为主，而严重干旱和极端干旱发生频率相对较小。流域内约有 65% 的耕地位于中等及以上风险区，其中，位于中风险区、中高风险区和高风险区的耕地面积分别占耕地总面积的 13.3%、36.4% 和 15.7%，滦河流域整体干旱灾害风险较大。近 20 年来，流域干旱风险呈现出"高者降低，低者升高"的特点，其中，土地利用/覆被变化导致约 30% 的耕地上干旱灾害风险等级增加 1 级，中高及以上等级风险区面积增加了 14.2%。但风险等级分布格局没有明显变化，干旱灾害风险较高地区仍位于上游和中游左岸。

# 第6章  滦河流域未来干旱灾害风险预估

## 6.1  未来干旱灾害风险预估总体思路

　　本书的研究采用未来气候模式输出的气象数据作为驱动，对未来气候变化背景下滦河流域的干旱灾害风险及变化特征进行预估。鉴于未来气候模式预估数据存在较大的不确定性，因此本书的研究以"概率分布吻合最优"为原则，对气候模式的适用性进行评价，筛选出各时段不同地区的相对最优模式（详见本章6.2节）；利用优选后的模式对流域未来气象水文要素的变化进行分析（详见本章6.3节）；在此基础上，结合第5章中干旱等级评价方法，对未来30年（2020—2050年）滦河流域干旱事件的时空变化特征进行预估（详见本章6.4节）；并进一步依据第5章中干旱灾害风险评价方法对未来预估时段干旱灾害风险的变化进行分析（详见本章6.5节）。未来干旱灾害风险预估总体思路见图6.1。

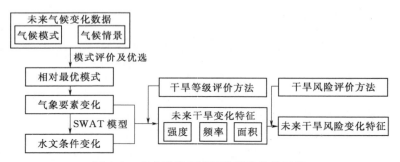

图6.1　未来干旱灾害风险预估总体思路

## 6.2  未来排放情景和模式优选

### 6.2.1  气候情景及气候模式

#### 6.2.1.1  气候情景

　　全球气候模式是目前预测未来气候变化情势的重要工具，其驱动要素主要为假定的社会经济发展情景下的温室气体排放量。尽管全球气候模式存在不确定性被许多学者质疑，但至今仍是预测未来气候情景必要和信赖的主要手段（Allen et al.，2002；Murphy et al.，2004）。IPCC共发展了三套排放情景，第一套是IS92情景，主要用于第二次评估报告中气候预估（1996年）；第二套是SRES情景，以代替IS92用于第三次评估报告中的气候预估（2001年）；第三套是RCPs情景，为IPCC第五次评估报告中启用的新情景——代表性浓度路径（representative concentration pathways，RCPs）（2011年）。各套情景具体如下。

（1）IS92情景。IS92排放情景于1992年提出，主要用于第二次评估报告（SAR）中气候变化的预估。IS92包含了6种不同的排放情景（IS92a到IS92f），分别代表未来世界不同的社会、经济和环境条件。1990—2100年间的$CO_2$排放量，按处于中间水平的IS92a，为15000亿t碳；按低估计的IS92c则为7700亿t碳；按高估计的IS92e则为22000亿t碳。在第二次评估报告中，使用以这些情景作为输入的碳循环-气候模型-MAGICC，进行了下一个世纪的气候变化计算。结果为到2100年气温上升2℃（相对于1990年），范围介于0.8～4.5℃之间；海平面上升49cm，范围介于13～110cm之间。

（2）SRES情景。SRES情景是2000年出版的IPCC《排放情景特别报告（Special Reports on Emission Scenarios，SRES)》描述的情景，为未来世界设计了四种可能的社会经济发展框架（Nakicenovic，2000），SRES情景考虑影响社会经济发展的主要驱动因素为人口、经济增长、技术变化、能源、土地利用、社会公平性、环境保护和全球一体化。无论从定性角度还是从定量角度，四种情景系列（A1、A2、B1和B2）的差异比较大。A情景强调经济发展，B情景在发展经济的同时强调环境保护的重要性；而1类情景强调全球的趋同性，2类情景考虑了区域经济、社会、环境可持续性的地区解决方案，关注的焦点在地区层次上（IPCC，2001）。

IPCC第三次评估报告预估了SRES排放情景下未来50～100年的全球气候变化。虽然预估的结果存在较大的不确定性，但各模式都一致地表明，温室气体的增加是导致21世纪气候变化的最主要因子。

2007年IPCC发布的AR4报告中考虑了6个情景，分别是A1F1、A1B、A1T、A2、B1和B2。A1情景代表的是高速经济增长的模式，预计全球人口在2050年达到90亿，然后逐渐下降，认定科技可以快速发展、传播，同时世界交互广泛，收入和生活方式在世界范围趋同。

A1情景还可以分成三个，A1F1情景代表能量来源仍然依赖化石能源；A1B情景代表各种能量来源平衡发展，适当发展非化石能源，同时并不放弃化石能源的开发，属于比较有可能的一种发展情景；A1T情景则把重点放在了非化石能源上，试图使用非化石能源替代化石能源。A2情景描述的是更加分化的世界。这个情景里面假定各个国家发展相互独立，人口持续增长，经济发展以地方经济发展为主，而同时，科技变化的趋势趋于缓慢和局部化，人均收入增长比 A1 低。这个情境下由于技术普及缓慢，同时经济增长仍然较快，人口持续增加，所以碳排放增长比较高。

B1 情景也是高速发展的模式，但其经济结构与 A1 所有区别，高速发展的经济主要来源于服务业和信息领域，对能源的依赖相对低。该情景下人口发展同样在 2050 年增加到 90 亿，然后逐渐下降，同时假定由于技术的进步，对于材料的依赖逐渐降低，资源利用率更高，经济全球化，社会和谐且环境友好、稳定。在所有情景中碳排放量最低。B2 情景则是一个高度分散的世界，预计人口持续增加，但是低于 A2 情景的增加速度，经济偏向地区性，同样维持经济、社会和环境的稳定，经济中速发展，技术的发展、推广速度慢于 A1 和 B1。虽然情景的合理性仍然有争议，但并不妨碍人们根据这些情景来对未来变化进行推测。其中，最常用的是 A2、A1B 和 B1 三个情景，分别代表了碳排放高速增长、中速增长和低速增长三个模式。除此之外，AR4 还考虑了维持 2000 年的温室气体和气溶胶水准的情况下气候的变化情况。

（3）RCPs 情景。在 2011 年 Climatic Change 出版的专刊中，介绍了新一代的温室气体排放情景——RCPs，该情景是 IPCC 在第五次评估报告中开发的新情景（见表 6.1）。其中，"representative（代表性）"表示多种可能性中的一种；用"concentration（浓度）"而不用辐射强迫是强调以浓度为目标；"路径（pathways）"是指达到某一个量的过程而不是单指这个量（Taylor et al.，2012；Moss et al.，2010）。RCPs 主要包括四种情景，分别为 RCP2.6、RCP4.5、RCP6.0 和 RCP8.5，各情景的简单情况如下：

表 6.1　　　　　　　　IPCC 评估报告中社会经济排放情景的构建

| IPCC 评估报告 | 社会经济排放情景构建 | 达到 $CO_2$ 加倍时间 |
|---|---|---|
| AR1 | BEST 继续照常排放 | 大约 2030—2040 年 |
| AR2 | IS92 (a, b, c, d, e, f)，每年增加 1% | 大约 2070 年 |
| AR3 | SRES (A1, A1F1, A2, A1B, B1, B2) | 大约 2070 年或永远达不到 |
| AR4 | SRES (A1, A1F1, A2, A1B, B1, B2) | 大约 2070 年或永远达不到 |
| AR5 | RCP (8.5, 6.0, 4.5, 2.6) | 21 世纪中后期或永远达不到 |

1）RCP8.5 情景：假定人口最多、技术革新率不高、能源改善缓慢，收入增长慢。这将导致长时间的高能源需求及高温室气体排放，而缺少应对气候变化的政策。2100 年辐射强迫上升至 $8.5W/m^2$（Riahi et al.，2011）。

2）RCP6.0 情景：反映了生存期长的全球温室气体和生存期短的物质的排放，以及土地利用/陆面变化，导致到 2100 年辐射强迫稳定在 $6.0W/m^2$

（Masui et al.，2011）。

3）RCP4.5 情景：2100 年辐射强迫稳定在 4.5W/m²（Thomson et al.，2011）。

4）RCP2.6 情景：把全球平均温度上升限制在 2.0℃之内，其中 21 世纪后半叶能源应用为负排放。辐射强迫在 2100 年之前达到峰值，到 2100 年下降至 2.6W/m²（van Vuuren et al.，2011）。

RCPs 的优势在于相对于 AR3 和 AR4 中所用的 SRES 而言，该情景能代表 21 世纪的气候政策。每个 RCP 所提供的资料集具有全面的、高空间分辨率的特点，资料集包括：土地利用变化、空气污染物排放量、人为排放量和温室气体浓度（到 2100 年）等。图 6.2 为 1950—2100 年期间不同排放情景下总的人为辐射强迫值，反映了各情景之间的联系和区别。

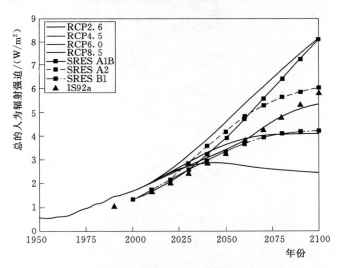

图 6.2　1950—2100 年历史和未来预估总的人为辐射强迫
（与工业化前 1765 年左右相比，取自 IPCC 第五次评估报告）

#### 6.2.1.2　气候模式

2008 年 9 月，世界气候研究计划（WCRP）耦合模拟工作组（WGCM）与国际地学生物圈计划（IGBP）的地球系统积分与模拟（AIMES）计划召开会议，决定联合推动第 5 阶段国际耦合模式比较计划（CMIP5）（Taylor et al.，2012）。在 CMIP5 中，共有 50 多个气候模式参与了历史和未来全球气候变化的数值模拟试验。该阶段的模拟试验按时间尺度可分为近期试验（10～30年）和长期试验（百年及百年尺度），两类试验的核心问题、一级课题和二级专题的情况如图 6.3 所示。相对于 CMIP3 而言，CMIP5 在物理参数数字化和模式分辨率上都有了较大的改进，但 CMIP5 最大的突破在于在该阶段开始建立地球系统模式（ESM），较气候系统模式（CSM）更为丰富，在 CSM 的基础上，增加了诸如碳循环、硫循环和 $O_3$ 等生物地球化学循环的描述。

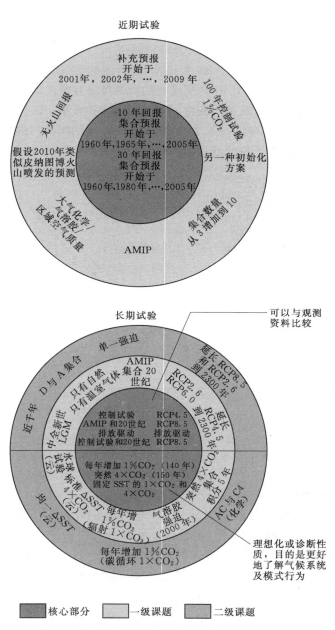

图 6.3　CMIP5 结构示意图（Taylor et al.，2012）

本书的研究所选取的气候模式是由 ISI - MIP（The Inter - Sectoral Impact Model Intercomparison Project）提供的 5 套全球气候模式插值、订正结果。插值和订正方法分别为双线性插值和基于概率分布的统计偏差订正（Piani et al.，2010；Hagemann et al.，2011；Warszawski et al.，2014）。ISI - MIP 中5 套全球气候模式的基本信息如表 6.2 所示。模式提供的气象要素包括：平均气温、最高气温、最低气温、降水量、太阳总辐射、平均相对湿度、地面气压和近地面平均风速，分辨率为 0.5°×0.5°，涉及的情景分别为：RCP2.6、RCP4.5、RCP6.0、RCP8.5，时间范围为 1960 年 1 月 1 日至 2099 年 12 月 31日。本书的研究中，选取其中的 RCP2.6、RCP4.5 和 RCP8.5，分别表示低、中、高情景，研究时段选取 2050 年以前，对未来 2020—2050 年的干旱灾害风险进行预估。

表 6.2                                  ISI - MIP 提供的 5 套全球气候模式

| 研　发　单　位 | 国家 | 模式名称 |
|---|---|---|
| Geophysical Fluid Dynamics Laboratory（GFDL） | 美国 | GFDL - ESM2M |
| Hadley Centre for Climate Prediction and Research，Met Office | 英国 | HADGEM2 - ES |
| L′Institut Pierre - Simon Laplace（IPSL） | 法国 | IPSL - CM5A - LR |
| Technology，Atmosphere and Ocean Research Institute，and National Institute for Environmental Studies | 日本 | MIROC - ESM - CHEM |
| Norwegian Climate Centre | 挪威 | NORESM1 - M |

## 6.2.2　模式评价及优选

王绍武等人认为，全球气候模式的不确定性主要体现在三个方面，即经济的不预测性、模式的差异性和利用大气环流模式来驱动区域模式时的不确定性（王绍武等，2013）。其中，对于第二种不确定性而言，主要表现在各模式均有自己的特色，在某些方面都具有独特的优势，且不同模式的物理过程不同，因此，模式间的差异性可能会加大。本书的研究为了减少这种不确定性，以概率分布吻合最优为原则，对模式进行评价，并筛选出不同时段、不同区域的相对最优模式，用相对最优模式作为气象驱动，对滦河流域未来干旱灾害风险进行预估。

本书中用于评价气候模式的实测数据选用的是中国地面降水日值 0.5°×0.5°格点数据集（V2.0）和中国地面气温日值 0.5°×0.5°格点数据集（V2.0）（ht-tp：//cdc.cma.gov.cn/），数据时段为 1961 年 1 月 1 日至 2012 年 7 月 31 日，数据空间分辨率与 ISI - MIP 提供的 5 套全球气候模式一致，均为 0.5°×0.5°。该套数据集是以全国国家级台站日降水量/气温观测数据为基础，利用薄盘样条法（Hutchinson，1998a；1998b）进行插值，同时引入数字高程资料以尽可能地消除中国区域独特地形条件下高程对空间插值精度的影响。其中，用于插值的气象数据是全国 2474 个国家级台站近 50 年逐日降水量和气温资料，地形数据是由 GTOPO30 数据（分辨率为 0.05°×0.05°）经过重采样生成的中国陆地 0.5°×0.5°的数字高程模型 DEM。数据集评估结果表明，格点分析值与观测值误差较小。具体的插值方法和数据评价结果可参见《中国地面降水 0.5°×0.5°格点数据集（V2.0）评估报告》（赵煜飞，2012）和《中国地面气温 0.5°×0.5°格点数据集（V2.0）评估报告》（沈艳，2012）。用于评价模式的格点分布如图 6.4 所示，滦河流域内部及周边共计 46 个格点。

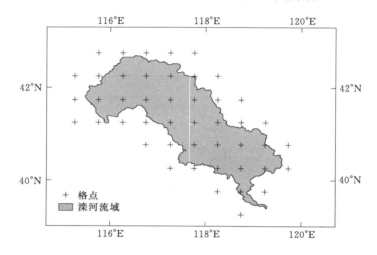

图 6.4　研究选取格点空间分布

利用 1961 年 1 月至 2000 年 12 月期间的实测和模拟的逐月降水/气温数据，依据"概率分布吻合最优"为原则，对气候模式的适用性进行评价，具体方法如下：

（1）选取合适的分布函数对实测和模拟的月降水/气温数据进行拟合，其中，鉴于零降水月数的影响，月降水选用阶跃函数和 2 参数伽马分布函数组成的混合函数进行拟合 [式（6.1）]，月气温选用 4 参数的贝塔分布 [式（6.3）]（陶辉等，2013）。

1）混合函数：

$$G(x)=(1-p)H(x)+pF(x) \tag{6.1}$$

式中：$p$ 为有降水的月占全部月系列的比例；$H(x)$ 为阶跃函数，当降水量大于 0 时取 1，当降水量等于 0 时取 0；$F(x)$ 为 2 参数伽马分布函数，其概率密度函数为

$$f(x;k,\theta)=x^{k-1}\frac{e^{-x/\theta}}{\theta^{k}\Gamma(k)}\quad(x>0,k,\theta>0) \tag{6.2}$$

2）贝塔函数概率密度：

$$f(x;a,b,p,q)=\frac{1}{B(p,q)(b-a)^{p+q+1}}(x-a)^{p-1}\cdot(b-x)^{q-1}\quad(a\leqslant x\leqslant b;p,q>0)$$

$$\tag{6.3}$$

（2）定义一个评分值 Skill Score（以下简称 $SS$ 值），用以定量化气候模式对降水和气温的模拟效果。$SS$ 值的大小即为月降水或气温的实测值和模拟值概率密度曲线所围成的公共部分面积，如图 6.5 所示。$SS$ 的值介于 0 和 1 之间，当 $SS=0$ 时，说明实测值和模拟值的概率曲线完全没有重合部分，而当 $SS=1$ 时，说明实测值和模拟值的概率曲线完全重合，因此，研究认为，$SS$ 值越大，模式模拟效果越优。

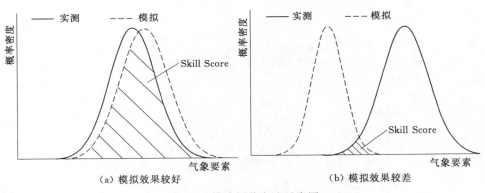

图 6.5　模式评价方法示意图

以坐标为（118.75°E，40.25°N）的典型格点 7 月份降水数据为例（见图 6.6），对上述方法的具体过程进行介绍。图 6.7 为该典型格点 7 月份降水实测值和模拟值概率密度曲线对比情况，按照图 6.5 中对 $SS$ 的定义，可得到 GFDL－ESM2M、HadGEM2－ES、IPSL－CM5A－LR、MIROC－ESM－CHEM 和 NorESM1－M 的 $SS$ 值分别为 0.96、0.70、0.87、0.91 和 0.80，因此可认为，对于该格点 7 月份降水量的模拟而言，GFDL－ESM2M 为相对最优模式。

采用上述方法可评价各格点对于某一月份降水模拟效果，据此可以筛选出各格点在指定月份降水模拟的相对最优模式。图 6.8 为 7 月份降水模拟相对最优模式空间分布情况，从图中可以看出，对于滦河流域 7 月份降水模拟而言，大部分地区的相对最优模式为 GFDL－ESM2M，主要分布在滦河流域中下游地区。同理，可得到其他月份降水和气温模拟的相对最优模式空间分布情况。

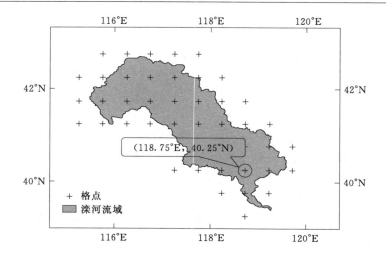

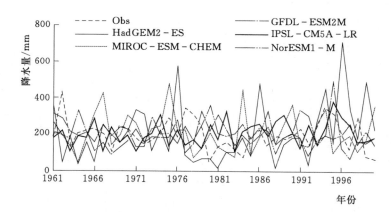

图 6.6　典型格点空间位置及其 7 月份降水年际变化过程

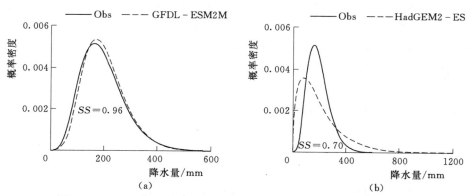

图 6.7（一）　典型格点 7 月份降水量模拟值和实测值概率密度曲线

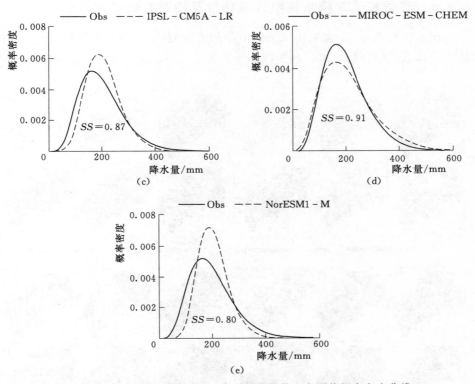

图 6.7（二）　典型格点 7 月份降水量模拟值和实测值概率密度曲线

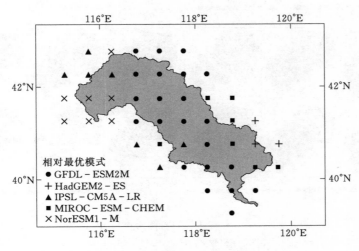

图 6.8　降水模拟相对最优模式空间分布（7 月）

## 6.2.3　气候模式对降水模拟效果评价及相对最优模式筛选

图 6.9 和图 6.10 为采用 6.2.2 节中的方法对不同气候模式在滦河流域月降水模拟效果的评价结果，其中图 6.9 为各模式 $SS$ 值空间分布情况，图 6.10

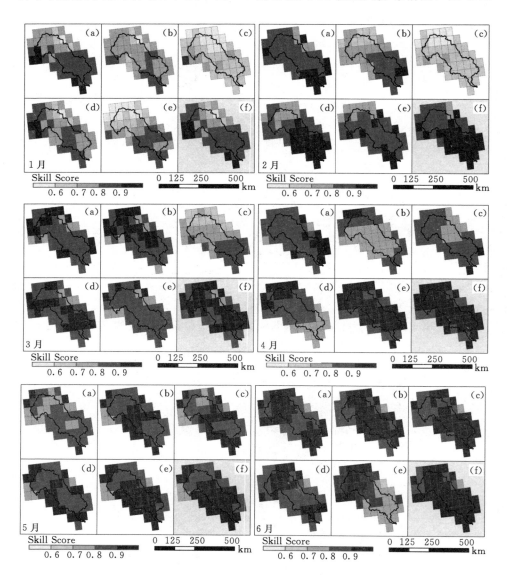

图 6.9（一）　气候模式对月降水模拟 $SS$ 值分布

注：（a）～（e）分别表示 GFDL - ESM2M、HadGEM2 - ES、IPSL - CM5A - LR、MIROC -
ESM - CHEM 和 NorESM1 - M，（f）表示相对最优模式下的 $SS$ 值分布。

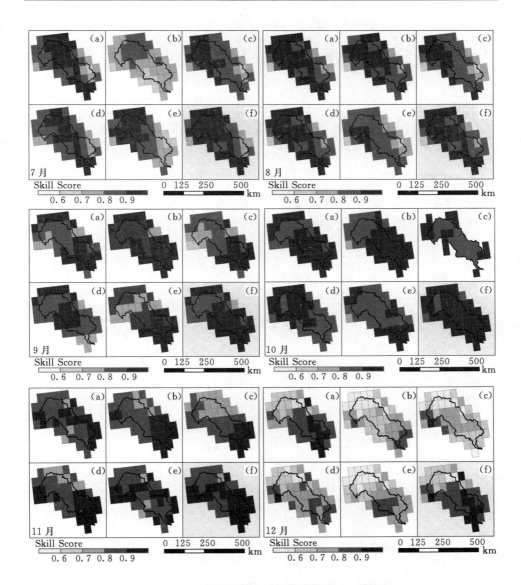

图 6.9（二） 气候模式对月降水模拟 SS 值分布

注：（a）～（e）分别表示 GFDL-ESM2M、HadGEM2-ES、IPSL-CM5A-LR、MIROC-
ESM-CHEM 和 NorESM1-M，（f）表示相对最优模式下的 SS 值分布。

为不同 SS 值的面积占比。从图中可以看出，本书所选取的 5 个模式对 4—11
月份的模拟效果相对较优，SS 值普遍能达到 0.8 以上。利用相对最优模式进
行集合后，综合模拟效果有了较大幅度的提高，从流域平均 SS 值来看，2—
11 月份均能达到 0.90 以上，1 月份和 12 月份相对较低，但也能达到 0.8 以

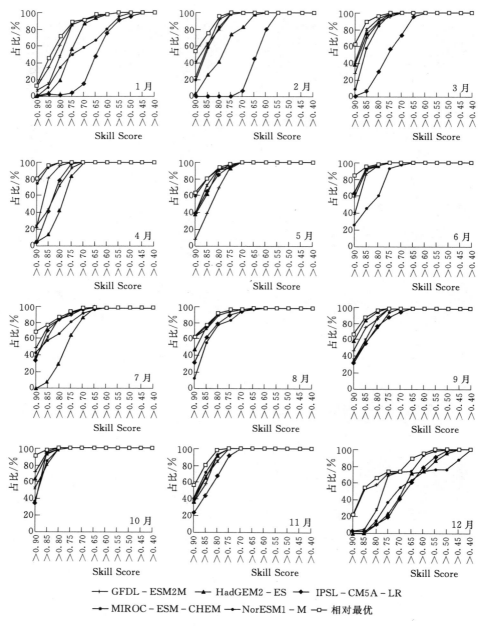

图 6.10　气候模式对滦河流域月降水模拟效果评价

上；从 SS 值大于 0.9 以上的面积占比来看，3—10 月份 $SS \geqslant 0.9$ 的面积均达 60% 以上，4 月、6 月和 10 月更是达到 80% 以上，2 月和 11 月相对偏低，面积占比也超过了 50%，1 月和 12 月则仅为 13.0% 和 21.7%。

表 6.3 统计了在月降水的模拟中 GFDL－ESM2M、HadGEM2－ES、IP-SL－CM5A－LR、MIROC－ESM－CHEM 和 NorESM1－M 为相对最优模式的区域站全流域的比例，该比例能在一定程度上反映某一月份内气候模式的普适性。从表中可知，GFDL－ESM2M 在 1 月、6 月、7 月和 12 月具有较强的普适性，MIROC－ESM－CHEM 在 2 月、3 月、8 月、9 月和 10 月具有较强的普适性，NorESM1－M 在 4 月、5 月和 11 月具有较强的普适性。从季节降水量的模拟来看，GFDL－ESM2M 在冬季和夏季模拟效果较好，MIROC－ESM－CHEM 在秋季模拟效果较好，NorESM1－M 在冬季模拟效果较好。

| 表 6.3 | | | | 降水模拟相对最优模式占比 | | | | | | | % |
|---|---|---|---|---|---|---|---|---|---|---|---|---|
| 模式 | 1 月 | 2 月 | 3 月 | 4 月 | 5 月 | 6 月 | 7 月 | 8 月 | 9 月 | 10 月 | 11 月 | 12 月 |
| GFDL－ESM2M | 58.7 | 32.6 | 21.7 | 8.7 | 4.3 | 28.3 | 47.8 | 30.4 | 15.2 | 15.2 | 8.7 | 89.1 |
| HadGEM2－ES | 0.0 | 0.0 | 37.0 | 0.0 | 15.2 | 26.1 | 6.5 | 23.9 | 15.2 | 30.4 | 26.1 | 0.0 |
| IPSL－CM5A－LR | 0.0 | 0.0 | 0.0 | 2.2 | 10.9 | 23.9 | 15.2 | 10.9 | 8.7 | 2.2 | 6.5 | 4.3 |
| MIROC－ESM－CHEM | 37.0 | 47.8 | 39.1 | 17.4 | 17.4 | 8.7 | 15.2 | 32.6 | 37.0 | 47.8 | 17.4 | 6.5 |
| NorESM1－M | 4.3 | 19.6 | 2.2 | 71.7 | 52.2 | 13.0 | 15.2 | 2.2 | 23.9 | 4.3 | 41.3 | 0.0 |

## 6.2.4　气候模式对气温模拟效果评价及相对最优模式筛选

图 6.11 和图 6.12 为不同气候模式对滦河流域月气温模拟效果的评价结果，其中图 6.11 为各模式 $SS$ 值空间分布情况，图 6.12 为不同 $SS$ 值的面积占比。从图中可以看出，本书所选取的 5 个模式对 1—4 月和 9—12 月气温的模拟效果相对较优，$SS$ 值普遍能达到 0.8 以上，在其余月份，所选择的气候模式对滦河中游地区的气温模拟效果相对较差。利用相对最优模式进行集合后，模拟效果有了较大幅度的提高，从流域平均 $SS$ 值来看，1—4 月和 10—12 月份均能达到 0.80 以上，其余月份相对较低，但也能达到 0.70 以上；从 $SS$ 值大于 0.8 以上的面积占比来看，1—4 月和 10—12 月 $SS \geqslant 0.8$ 的面积均达 60% 以上，4 月更是达到 80% 以上，6 月、9 月和 10 月相对偏低，面积占比也超过了 50%，5 月、7 月和 8 月则仅为 40% 左右。

表 6.4 统计了在月气温的模拟中，GFDL－ESM2M、HadGEM2－ES、IPSL－CM5A－LR、MIROC－ESM－CHEM 和 NorESM1－M 为相对最优模式的区域站全流域的比例。从表中可知，GFDL－ESM2M 在 8 月、10 月和 11 月具有较强的普适性，MIROC－ESM－CHEM 在 2 月、3 月、8 月、9 月和 10 月具有较强的普适性，HadGEM2－ES 在 1 月和 9 月具有较强的普适性，

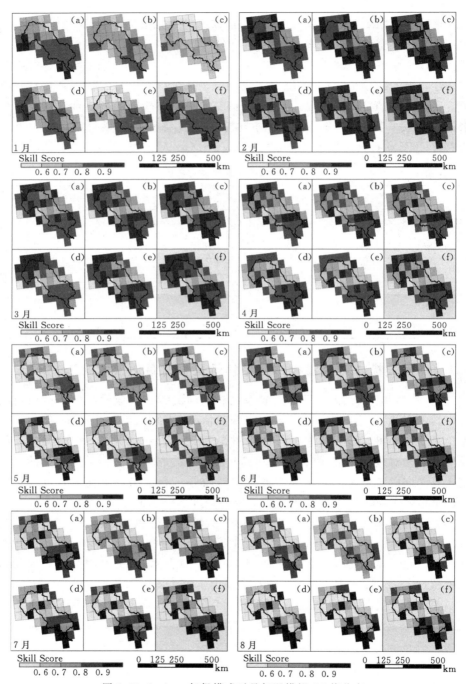

图 6.11（一）　气候模式对月气温模拟 SS 值分布

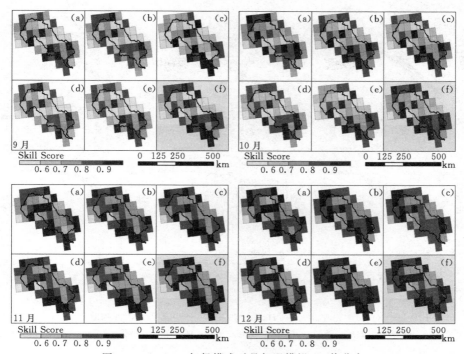

图 6.11（二） 气候模式对月气温模拟 SS 值分布

注：（a）～（e）分别表示 GFDL‐ESM2M、HadGEM2‐ES、IPSL‐CM5A‐LR、MIROC‐
ESM‐CHEM 和 NorESM1‐M，（f）表示相对最优模式下的 SS 值分布。

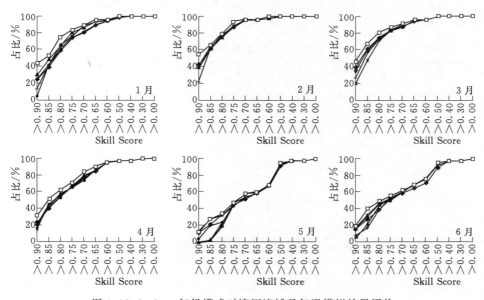

图 6.12（一） 气候模式对滦河流域月气温模拟效果评价

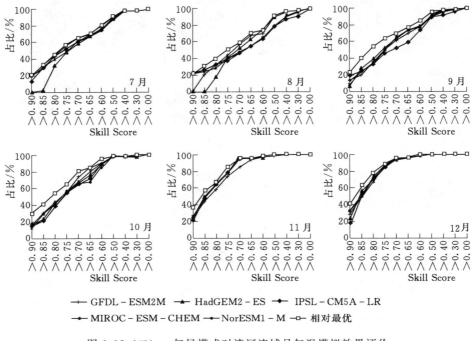

图 6.12（二）　气候模式对滦河流域月气温模拟效果评价

IPSL－CM5A－LR 在 6—9 月具有较强的普适性，MIROC－ESM－CHEM 在 2—3 月和 5 月具有较强的普适性，NorESM1－M 在 4 月份具有较强的普适性。

表 6.4　　　　　　　　　气温模拟相对最优模式占比　　　　　　　　　%

| 模式 | 1 月 | 2 月 | 3 月 | 4 月 | 5 月 | 6 月 | 7 月 | 8 月 | 9 月 | 10 月 | 11 月 | 12 月 |
|---|---|---|---|---|---|---|---|---|---|---|---|---|
| GFDL－ESM2M | 58.7 | 32.6 | 21.7 | 8.7 | 4.3 | 28.3 | 47.8 | 30.4 | 15.2 | 15.2 | 8.7 | 89.1 |
| HadGEM2－ES | 0.0 | 0.0 | 37.0 | 0.0 | 15.2 | 26.1 | 6.5 | 23.9 | 15.2 | 30.4 | 26.1 | 0.0 |
| IPSL－CM5A－LR | 0.0 | 0.0 | 0.0 | 2.2 | 10.9 | 23.9 | 15.2 | 10.9 | 8.7 | 2.2 | 6.5 | 4.3 |
| MIROC－ESM－CHEM | 37.0 | 47.8 | 39.1 | 17.4 | 17.4 | 8.7 | 15.2 | 32.6 | 37.0 | 47.8 | 17.4 | 6.5 |
| NorESM1－M | 4.3 | 19.6 | 2.2 | 71.7 | 52.2 | 13.0 | 15.2 | 2.2 | 23.9 | 4.3 | 41.3 | 0.0 |

# 6.3　滦河流域未来气象水文要素变化

未来气象水文要素的变化重点分析降水、气温和天然径流量。降水变化用相对变化表示，气温变化用绝对变化表示，基准期选 1961—1990 年；由于资料的限制，第 4 章仅模拟了 1973 年以后的水文过程，因此未来天然径流量的变化用相对于 1973—1990 年的相对变化来表示。

## 6.3.1 未来降水变化

图 6.13 为 1961—2050 年期间滦河流域降水量的变化，在未来 2020—2050 年期间，滦河流域年降水量呈现出增加的态势。且从图中可以看出，在 2030—2050 年期间，流域降水量波动较大，干湿交替明显。未来降水量年内分配特征没有改变，降水仍然主要集中在 6—9 月，占年降水量的 80%，但该时段降水总量却明显增加，2020—2050 年 6—9 月降水量相对于 1961—1990 年增加了约 20%，其他月份没有明显的变化，对于全年而言，降水量的增幅为 8%～10%（见图 6.14）。从空间上来看，在 RCP2.6、RCP4.5 和 RCP8.5 情景下，全流域降水量均表现出普遍增加的特点，但降水量的增幅在空间分布上存在一定的差异。RCP2.6 和 RCP4.5 降水变化格局基本一致，均是下游平原地区和上游地区降水量增幅较大，中游地区降水量变化不大，其中，在 RCP2.6 和 RCP4.5 情景下，下游平原地区年降水量增幅普遍在 10% 以上，但

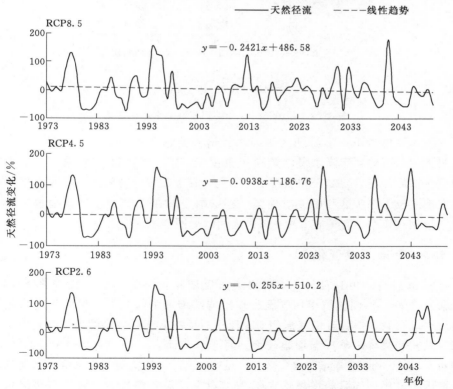

图 6.13 1961—2050 年期间滦河流域天然径流量变化过程

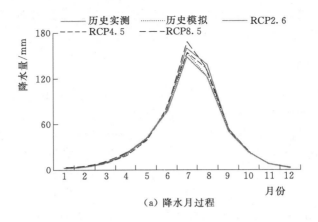

（a）降水月过程

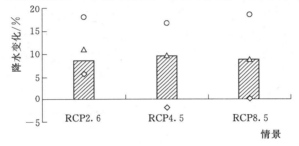

（b）相对于 1961—1990 年的变化

图 6.14　2020—2050 年滦河流域降水过程变化

在 RCP2.6 情景下，上游地区年降水量增幅普遍在 10% 以上，而在 RCP4.5 情景下，上游地区年降水量增幅则普遍在 5% 以上；RCP8.5 情景下，降水量的变化格局却与 RCP2.6 和 RCP4.5 不同，在 RCP8.5 情景下，降水量增幅较大的地区位于源头区和中上游地区，其增幅普遍在 10% 以上，其他地区降水量增幅相对较小，普遍在 5%～10% 之间（见图 6.15）。

## 6.3.2　未来气温变化

图 6.16 为 1961—2050 年期间滦河流域年均气温变化，在未来 2020—2050 年期间，滦河流域年均气温表现出持续增加的特点。气温的年内变化与历史时段一致，但各月份气温相对于历史时段均有不同幅度的增加，其中，春末、秋初和整个冬季气温增幅较大。对于全年而言，2020—2050 年年均气温相对于 1961—1990 年增加 2℃ 以上（见图 6.17）。从空间变化来看，滦河流域各地区未来年均气温的增幅均在 1.75℃ 以上，但各情景下，增温空间格局基本一致，呈现出"两头多，中间少"的特点，即上游高原地区和下游平原地区

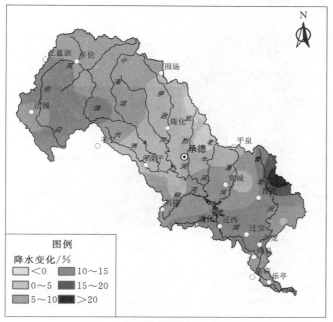

（a）RCP2.6

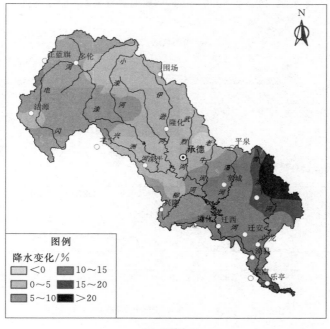

（b）RCP4.5

图 6.15（一） 2020—2050 年滦河流域未来降水量变化

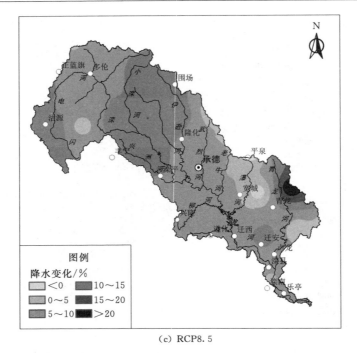

(c) RCP8.5

图 6.15（二）　2020—2050 年滦河流域未来降水量变化

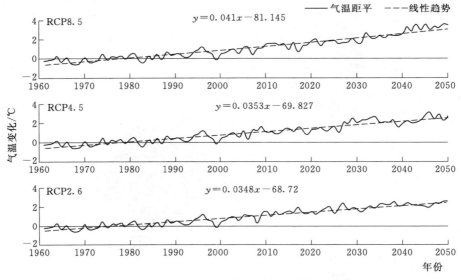

图 6.16　1961—2050 年期间滦河流域气温变化

气温增加较高，但不同情景下，年均气温的增加量存在一定差异，RCP8.5 情景下气温增幅明显高于 RCP2.6 和 RCP4.5 情景（见图 6.18）。

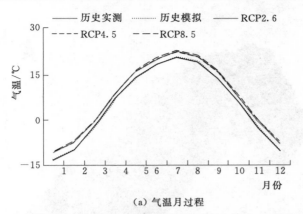

（a）气温月过程

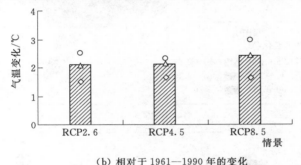

（b）相对于1961—1990年的变化

图 6.17 2020—2050 年滦河流域气温过程变化

## 6.3.3 未来天然径流变化

气候变化对径流的影响研究，主要是通过研究气候变化引起的流域气温、降水、蒸发等水文要素的变化来预估径流的可能变化。气候变化对径流影响评估方法常采用 What-if 模式，即若气候发生某种变化，水文循环各分量将随之发生怎样的变化，常遵从"未来气候情景—水文模拟—影响研究"的模式，具体步骤通常如下：

（1）选取未来气候模式和气候变化情景。

（2）选择、建立、验证水文模型。

（3）将气候变化情景作为流域水文模型的输入，模拟分析区域水文循环过程和水文变量。

（4）评估气候变化对径流的影响。

图 6.19 为按照上述思路得到的 1973—2050 年期间滦河流域天然径流的变化过程，在未来 2020—2050 年期间，滦河流域天然径流量呈现出略微下降的

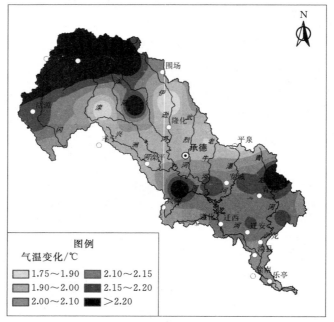

（a）RCP2.6

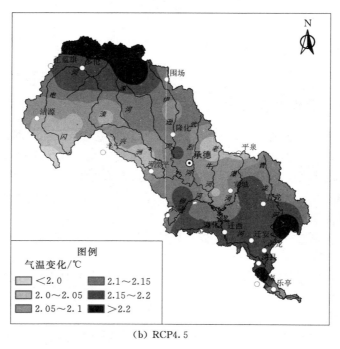

（b）RCP4.5

图 6.18（一） 2020—2050 年滦河流域未来降水量变化

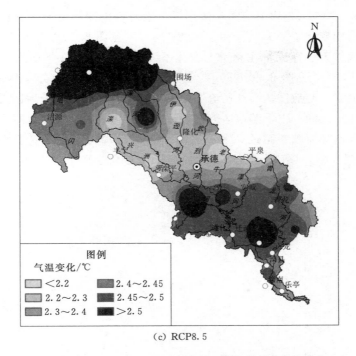

(c) RCP8.5

图 6.18（二）　2020—2050 年滦河流域未来降水量变化

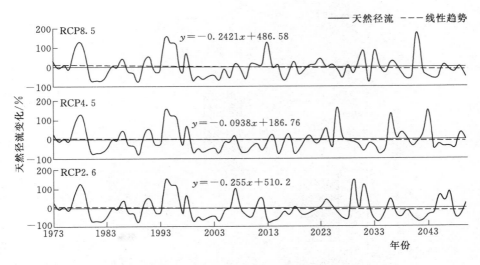

图 6.19　1973—2050 年期间滦河流域天然径流变化

变化特征。其中，在 2025—2035 年和 2040—2045 年期间，天然径流变化波动较大，丰枯交替明显。在预估时段，天然径流量较大的时段仍然是在 7—8 月，在 RCP2.6、RCP4.5 和 RCP8.5 情景下，该时段内滦河流域天然径流量相对于基准期分别变化了 −0.3%、9.6% 和 1.3% ［见图 6.20（a）］；对于全年而言，滦河流域天然径流量在总量上变化不大，2020—2050 年期间天然径流变幅不超过 ±5% ［见图 6.20（b）］，但各分区存在明显的差异，具体表现在：承德以北的中上游地区，天然径流变幅不超过 ±20%，大部分地区天然径流的变化在 ±10% 之间；中下游地区天然径流变幅较大，右岸地区以减小为主，多数子流域天然径流减幅超过 20%，左岸地区以增加为主，多数子流域天然径流增幅超过 20%，各情景下，天然径流变化的空间格局基本一致（见图 6.21）。

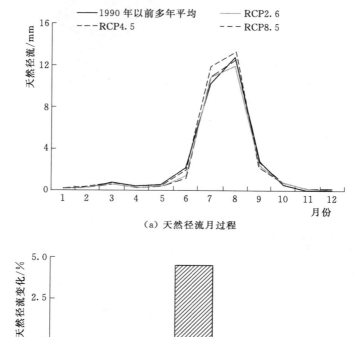

（a）天然径流月过程

（b）相对于 1961—1990 年的变化

图 6.20  2020—2050 年滦河流域天然径流过程变化

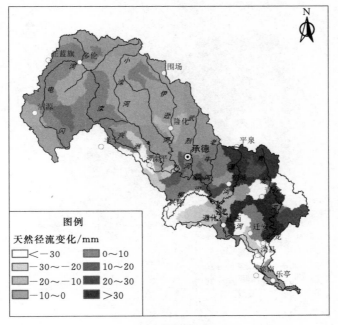

(a) RCP2.6

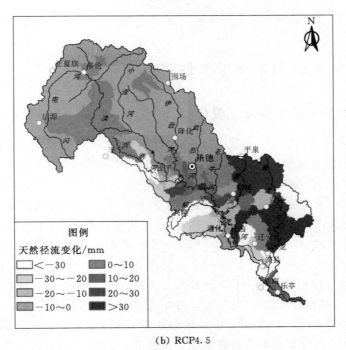

(b) RCP4.5

图 6.21 (一)　　2020—2050 年滦河流域未来天然径流变化

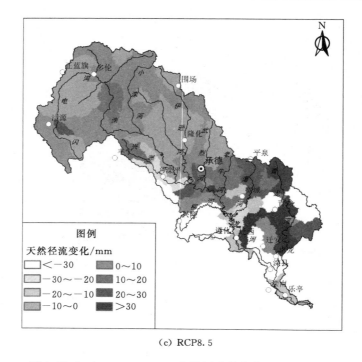

（c）RCP8.5

图 6.21（二）　2020—2050 年滦河流域未来天然径流变化

# 6.4　滦河流域未来干旱事件时空变化

## 6.4.1　未来干旱笼罩面积变化

依据第 5 章中干旱等级评价方法，结合校正后的气象预估数据以及 SWAT 模型输出分项，可对未来 2020—2050 年期间滦河流域逐月干旱等级进行评价，图 6.22 为未来预估时段内各情景下滦河流域月平均干旱面积。轻度干旱面积相对于历史时段有所减少，在不同情景下，滦河流域轻度干旱面积为 2642～2798km² （仅考虑耕地处，下同），占耕地面积的 24.1％～25.5％，相对于历史时段减少了 6.5％～11.7％；中等、严重和极端干旱相对于历史时段均有不同程度的增加，其中，中度干旱面积为 1887～1985km²，占耕地面积的 17％～18％，相对于历史时段增加了 4％～9％；严重干旱面积为 1291～ 1363km²，占耕地面积的 12％左右，相对于历史时段增加了 14％～20％；极端干旱面积为 637～679km²，占耕地面积的 6％左右，是历史时段的 2 倍左右。总体上看，由于未来气温的增加，虽然在一定程度上会缩短作物生育期，导致需水时段减少，但由于气温的增加导致蒸发的增加，使得单位时间内作物

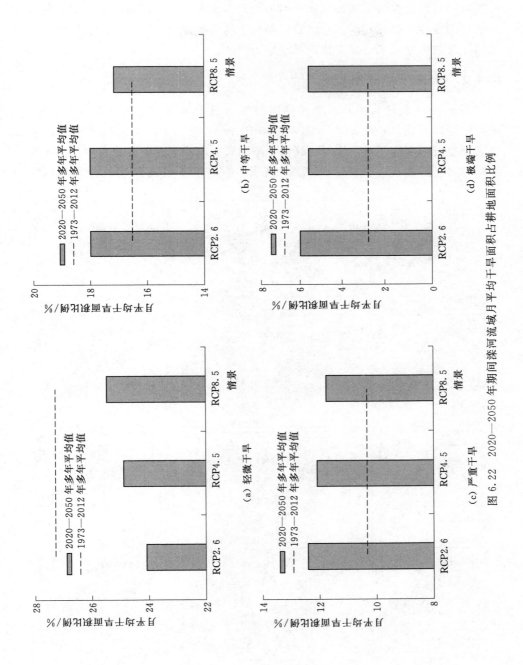

图 6.22 2020—2050 年期间滦河流域月平均干旱面积占耕地面积比例

的需水量增加，因此，作物需水量是呈现出增加的态势，且从本章 6.3 节的分析结果可看出，在气温增加和降水增加的双重影响下，流域地表水资源量并没有明显的变化，因此，供需水的缺口相对于历史时段进一步加大，从而导致流域的干旱情势在未来气候变化背景下更为严峻。

### 6.4.2　未来干旱频率变化

图 6.23 为历史时段和未来预估时段各等级干旱频率空间分布情况对比。从图中可以看出，RCP2.6、RCP4.5 和 RCP8.5 情景下，滦河流域干旱频率空间分布格局基本一致：①对于轻微干旱而言，高频区主要分布在中游的承德南部和兴隆等地区，其中，RCP8.5 情景下，轻度干旱高频率的分布范围较

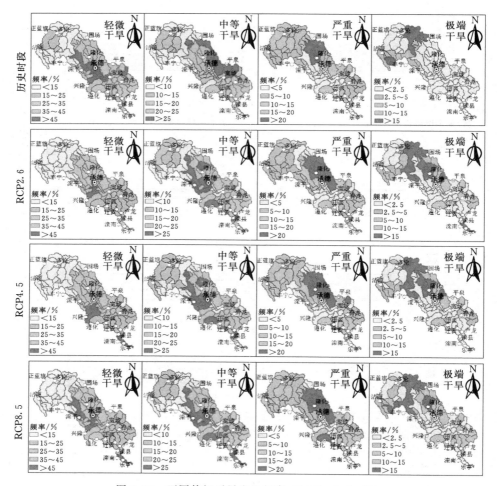

图 6.23　不同等级干旱发生频率（2020—2050 年）

RCP2.6 和 RCP4.5 大，未来预估时段内，轻度干旱高频区的面积与历史时段相比有所减少。②对于中度干旱而言，高频率主要集中在承德南部、滦平和隆化等地区，其空间分布特征与历史时段相比发生了明显的变化，主要表现为中度干旱高频区呈现出由东北向西南移动的特点，即在历史时段内主要位于中游的左岸地区，而在未来预估时段则主要位于中游的右岸地区。③对于严重干旱而言，高频区主要分布在承德北部、隆化以及围场南部，与历史时段相比，高频区的分布范围有明显的扩张，承德北部严重干旱发生频率有所增加。④对于极端干旱而言，高频区主要位于多伦、围场和隆化等地区，与历史时段相比，隆化和滦平等地区的干旱频率有所增加，从而导致流域内极端干旱高频区的分布范围有所扩张。

# 6.5 滦河流域未来干旱灾害风险预估

## 6.5.1 未来干旱灾害风险空间分布格局

依据第 5 章中干旱灾害风险等级的评价方法，假定其他条件不变，仅气象要素发生变化，对滦河流域未来干旱灾害风险的进行预估，如图 6.24 所示，该图反映了仅受气候变化影响下，滦河流域未来干旱灾害风险的分布情况。从图中可以看出，在未来预估时段，流域干旱灾害风险空间分布格局的总体特征与历史时段并不存在明显的差异，中上游地区干旱灾害风险等级较高，而下游地区干旱灾害风险等级相对较低，但各类干旱灾害风险区的面积却有所改变，主要表现在中风险区和高风险区的面积有所扩张，在中游左岸地区（承德以北）尤为明显，具体而言，在 RCP2.6、RCP4.5 和 RCP8.5 情景下，位于中风险区的耕地占总耕地面积的 18.2%、24.1% 和 29.2%，为 1996km²、2650km² 和 3203km²，分别为历史时段的 1.4 倍、1.8 倍和 2.1 倍；位于高风险区的耕地占总耕地面积的 32.6%、29.8%、33.8%，为 3576km²、3269km² 和 3711km²，分别为历史时段的 2.1 倍、1.9 倍和 2.2 倍；总体干旱灾害风险较历史时段更为严峻，在 RCP2.6、RCP4.5 和 RCP8.5 情景下，中等及以上干旱灾害风险区的面积较历史时段增加了 19.1%、21.8% 和 29.8%（见图 6.25）。

## 6.5.2 未来干旱灾害风险相对历史干旱灾害风险变化

由图 6.26 可知，滦河流域中游地区干旱灾害风险等级普遍增加（见图 6.27），具体而言，在 RCP2.6、RCP4.5 和 RCP8.5 情景下，分别有 27.1%、28.0% 和 44.5% 的耕地干旱灾害风险等级增加了 1 个等级，有 11.8%、8.8%

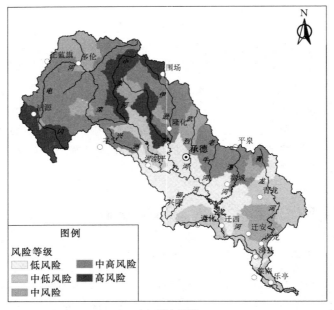

（a）历史时段

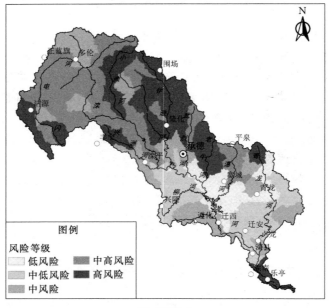

（b）RCP2.6

图 6.24（一）　不同情景下未来预估时段干旱灾害风险分布

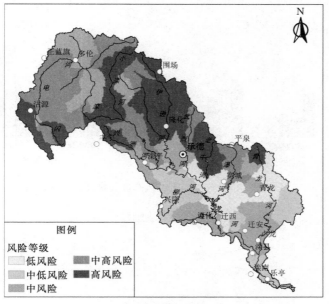

（c）RCP4.5

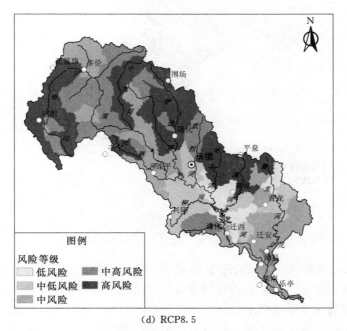

（d）RCP8.5

图 6.24（二）　不同情景下未来预估时段干旱灾害风险分布

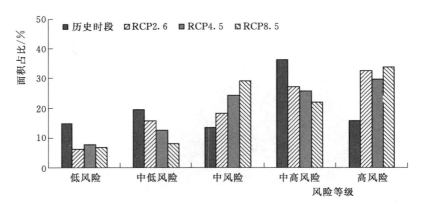

图 6.25　位于各干旱灾害风险区的耕地面积占比

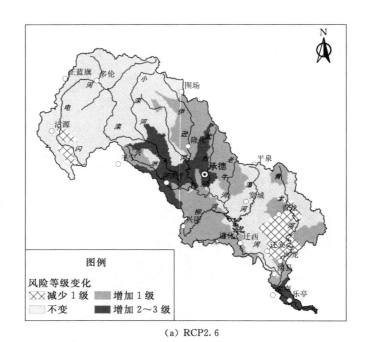

（a）RCP2.6

图 6.26（一）　未来干旱灾害风险相对于历史变化

和 4.5% 的耕地干旱灾害风险等级增加了 2～3 个等级，风险增加的地区主要分布在承德、隆化、滦平、遵化等地区；风险减少的耕地面积相对较小，仅占耕地总面积的 8.8%（RCP2.6）、6.4%（RCP4.5）和 4.1%（RCP8.5）；流域内约一半的耕地风险等级并没有发生变化，主要集中在上游地区和下游左岸地区（见图 6.27）。

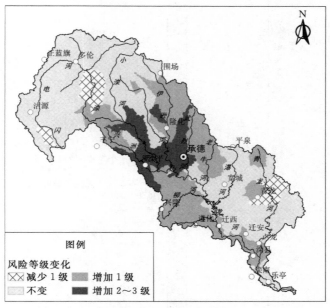

（b）RCP4.5

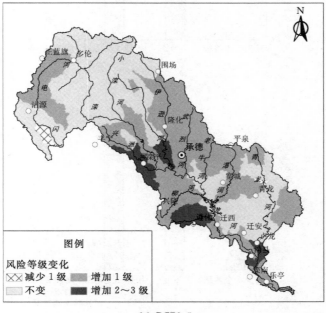

（c）RCP8.5

图 6.26（二）　未来干旱灾害风险相对于历史变化

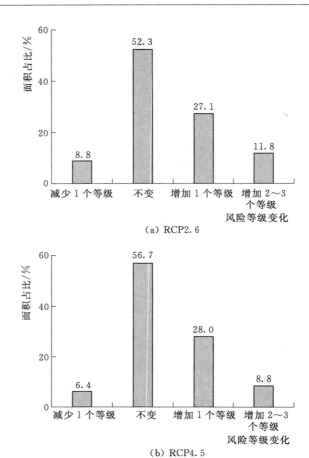

（a）RCP2.6

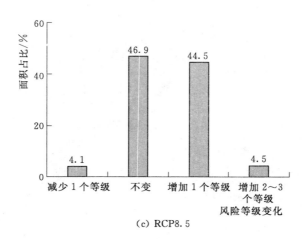

（b）RCP4.5

（c）RCP8.5

图 6.27　干旱灾害风险等级变化的耕地面积占比

# 6.6 小结

本章基于统计分布特征，对气候模式进行评价并对预估结果进行拼插，结合农业干旱灾害风险评价方法和相对较优模式输出的气象因子预估结果评估未来干旱灾害风险。结果表明：在未来预估时段，滦河流域中风险区和高风险区的面积有所扩张，在中游左岸地区（承德以北）尤为明显，在 RCP2.6、RCP4.5 和 RCP8.5 情景下，位于中风险区的耕地占总耕地面积为 1996km²、2650km² 和 3203km²，分别为历史时段的 1.4 倍、1.8 倍和 2.1 倍；位于高风险区的耕地占总耕地面积为 3576km²、3269km² 和 3711km²，分别为历史时段的 2.1 倍、1.9 倍和 2.2 倍；总体干旱灾害风险较历史时段更为严峻，在 RCP2.6、RCP4.5 和 RCP8.5 情景下，中等及以上干旱灾害风险区的面积较历史时段增加了 19.1%、21.8% 和 29.8%。在 RCP2.6、RCP4.5 和 RCP8.5 情景下，分别有 27.1%、28.0% 和 44.5% 的耕地干旱灾害风险等级增加了 1 个等级，有 11.8%、8.8% 和 4.5% 的耕地干旱灾害风险等级增加了 2～3 个等级，风险增加的地区主要分布在承德、隆化、滦平、遵化等地区。

# 第7章 滦河流域干旱灾害风险应对

## 7.1 干旱灾害风险应对总体思路

全球气候变化改变了区域尺度水热平衡状态，影响到极端水文过程时空分布格局，导致极端水文事件更为频繁；此外，人类活动导致流域下垫面条件的改变，对水文过程也产生"系统干扰"，影响区域水资源时空分布和水循环过程，改变极端水文事件时空规律。因此，在极端事件应对中，需秉持尊重自然、顺应自然、保护自然的理念，以流域水循环多过程为主线，统筹考虑流域山水林田湖生命共同体的自然生态各要素，打通山上山下，地表地下，以及流域上下游、左右岸之间的联系；以充分发挥流域对水循环的天然调节作用为基础，以规范人类水土资源开发活动减少对自然水循环的扰动为宗旨，以系统布局绿色基础设施（林草地、湿地等）与灰色基础设施（水库、堤防、渠系、泵站、水井等）为措施，以流域地表-土壤-地下多过程联合调控为手段，最大限度实现"去极值化"，系统解决流域诸如干旱之类的水问题，建设生态健康流域，并通过智能监测、预警和应对系统（红色基础设施），全面提升流域极端事件管理能力。总体而言，即通过绿色、灰色、棕色（土壤水库）、蓝色（地下水水库）、红色等"五色"基础设施（见图7.1），对流域的水循环调节能力进行配置、建设和运维，构建流域尺度"立体"水网，实现流域的"海绵化"，具体描述如下。

（1）地表绿色基础设施优化布局与建设。地表绿色基础设施对水循环具有良好的调节性能。已有研究表明：森林植被覆盖率每提高1%，径流总量降低7%~8%，洪峰流量降低3%~5%，洪水过程坦化，枯季流量增加（Viville et al.，1993；温远光和刘世荣，1995；Calder et al.，2006）。地表绿色基础设施建设主要包括天然植被修复、天然湿地保育、防护性林草建设等，涉及的主要任务包括：结合流域水热条件与生态演变特征，进行土地的适宜性评价；结合流域生态完整性保护与生态服务功能（含水循环过程调节能力）需求，进行流域生态功能定位与格局优化；结合功能定位和格局优化，开展生态修复与防护性林草建设；就绿色基础设施对水循环多过程的调节潜力进行评价，并进行监控等。

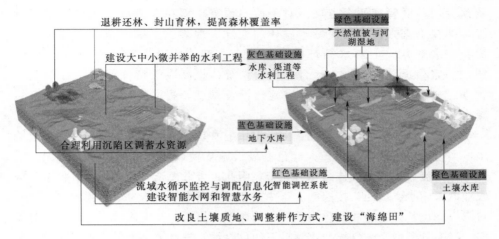

退耕还林、封山育林，提高森林覆盖率

绿色基础设施
天然植被与河湖湿地

建设大中小微并举的水利工程

灰色基础设施
水库、渠道等水利工程

合理利用沉陷区调蓄水资源

蓝色基础设施
地下水库

红色基础设施

棕色基础设施
土壤水库

流域水循环监控与调配信息化智能调控系统
建设智能水网和智慧水务

改良土壤质地、调整耕作方式，建设"海绵田"

图 7.1　流域"海绵化"的"五色"基础设施

（2）土壤水库建设与调节能力提升。赋存于土壤水库中的土壤水是作物直接的水分来源，尤其是对于旱作农业来说，对作物供水具有连续性和调节性，即一方面能将间歇性不均匀供水变成连续供水；另一方面又能储存水分和输送水分（刘昌明，1989；郭凤台，1996；朱显谟，2006）。土壤水库建设重点是提高耕地土壤蓄水保水能力，即"海绵田"建设。主要包括土壤质地改良、耕作方式调整等。主要任务包括：合理调整耕作深度，实现"锄板底下有水""锄头自有三寸泽"；结合土地流转，改良土质，客土互换，建设"壤土"田；结合坡向和坡面产流规律，优化截水沟渠和垄畦布局，利用坡面"客水"等。

（3）地下水库建设与调节能力提升。地下水库是便于开发和利用地下水的储水地区，具有供给水资源、储存水资源、混合水资源和输送水资源等多种功能（林学钰，1984），包括调蓄型、开采漏斗型、河谷型、陆地岩溶型、滨海岩溶型等多种类型。地下水库建设的主要任务包括：引洪涝回补地下水，加大地下水的补给；利用矿产资源开发采空地下空间，蓄引洪涝水；合理调度地下水资源，增强干旱供水水源等。

（4）水利工程优化布局与建设。通过修建水库、塘坝，对水资源进行调蓄，以丰补枯，降低自然水循环的极值过程。其主要任务包括：严守"生态红线"，将生态系统的径流调节能力纳入生态空间布局；结合旱涝风险分区，提高水库的调节能力，优化库容密度空间布局；实施旱限和汛限水位动态管理，盘活死库容以储存应急水源；统筹考虑自然、人工两类调节，提升水库群的联合调度能力，实施常态和应急的统一调度。

（5）管理与信息支撑能力建设。管理与信息支撑能力建设主要包括监测预警和调度管理两个方面。对于监测预警，需在全流域建立立体监测系统，即在垂直方向上对流域水循环的大气、地表、土壤、地下进行整体监测，在水平方向上对水循环的坡面汇流、河道汇流、径流等过程进行监测，并完善预警、预报、运算、传输系统，提高决策指挥能力；对于调度管理，通过工程措施与非工程措施建设及调度，提高流域抵御自然灾害的综合能力。

针对滦河流域的实际情况，由于流域上游是水源涵养区，因而可在中上游地区实行退耕还林措施，扩大绿色基础设施规模以使水源涵养潜力增大；此外，滦河流域水利工程体系相对完善，因此，可考虑建设雨水集蓄工程来确保农业灌溉用水。因此，按照第 2 章中基于三次评价的干旱灾害风险调控思路，重点以绿色基础设施和灰色基础设施的建设为措施，提出流域干旱综合应对策略：①充分考虑未来气候变化背景下的危险性，进行区域干旱灾害风险的一次风险评价，最大限度暴露区域的干旱灾害风险（详见本章 7.2 节）。②结合退耕还林还草和控制种植规模的方式，一方面降低区域农业需水量，从而降低干旱事件的发生频率；另一方面，种植面积的减少也在一定程度上降低了区域的暴露性（详见本章 7.3 节），在此基础上进行二次干旱灾害风险评价。③通过增加保灌田面积的方式，提高区域应对干旱灾害的能力，进行三次干旱灾害风险评价（详见本章 7.4 节），结合上述风险调控措施，将区域干旱灾害风险整体控制在可接受的范围内。

# 7.2　滦河流域干旱的一次风险评价

一次风险评价的目的是充分暴露区域的干旱灾害风险即识别区域可能发生的最大风险，为风险调控目标制定提供依据。根据第 6 章中滦河流域未来干旱灾害风险预估结果可知，在 RCP8.5 情景下，位于中等及以上风险区的耕地面积高于 RCP2.6 和 RCP4.5（详见本书 6.5 节）。因此，本书的研究选取 RCP8.5 情景下的干旱灾害风险作为一次风险评价结果［见图 7.2（a）］。在此基础上，选取中高等级及以上风险区作为调控对象［见图 7.2（b）］。从图中可以看出，调控区域主要分布在滦河上游和中游左岸地区。对于上游地区而言，干旱灾害风险偏高主要是受供水的限制，即本地降水量偏少；对于中游左岸地区而言，干旱灾害风险偏高主要是由于需水量大，即中游地区农作物需水量大，供水量难以满足其需求。

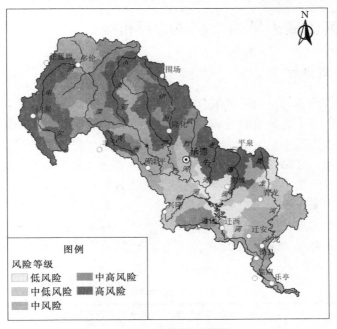

（a）一次风险评价结果

（b）研究的调控对象

图 7.2 滦河流域干旱的一次风险评价和风险调控区域

## 7.3　滦河流域干旱的二次风险评价

### 7.3.1　方案设计

二次调控的目的是通过区域自身干旱调控因子的调整与优化，降低区域干旱灾害风险。本书的研究设定两类方案对滦河流域干旱灾害风险进行二次调控，在第一类方案中，主要是通过控制调控区域农作物种植面积的方式来降低干旱灾害风险；在第二类方案中，主要是采取退耕还林还草和控制种植规模相结合的方式来降低干旱灾害风险。具体方案设计如下。

第一类方案：仅采用控制种植规模的方式，即上游地区以调控春小麦种植面积为主，中游地区以调控玉米种植面积为主。假定其他作物种植面积保持不变，上游地区春小麦和中游地区玉米种植面积依次减少 10％、20％、30％、40％和 50％（表 7.1 中方案 1～5）。

**表 7.1　　　　　　　　　　二 次 调 控 方 案 集**

| 调控方案 | 控制种植规模/调控区指定作物种植面积减少比例/％ | | | | | |
|---|---|---|---|---|---|---|
| | 0 | 10 | 20 | 30 | 40 | 50 |
| 无退耕还林还草措施 | — | 方案 1 | 方案 2 | 方案 3 | 方案 4 | 方案 5 |
| 有退耕还林还草措施 | 方案 6 | 方案 7 | 方案 8 | 方案 9 | 方案 10 | — |

第二类方案：采用退耕还林还草与控制种植规模相结合的方式，在 2014 年土地利用基础上，对地势和坡度相对不适宜农田开垦的地区实现生态恢复。高程在 900～1100m 之间，且坡度大于 14°的流域中游山地丘陵区耕地实现退耕还林；高程大于 1100m，且坡度大于 8°的上游坝上草原地区耕地实现退耕还草；在此基础上，再调控上游地区春小麦种植面积和中游地区玉米种植面积（表 7.1 中方案 6～7）。

### 7.3.2　二次风险评价及效果评估

#### 7.3.2.1　控制种植规模

控制种植面积后，区域整体农业需水量会有一定程度降低，干旱情势会得以缓解，图 7.3 和图 7.4 为不同种植规模下，滦河流域严重干旱和极端干旱的发生频率，从图中可以看出，对于严重干旱而言，当调控区指定作物种植面积减少 10％后，严重干旱高频区并没有较大变化，当种植面积减少 20％后，严重干旱高频区范围有较为明显的缩减，尤其是在承德东部地区，当种植面积减少 30％及以上后，滦河流域各地区严重干旱频率基本在 15％以下；对于极端

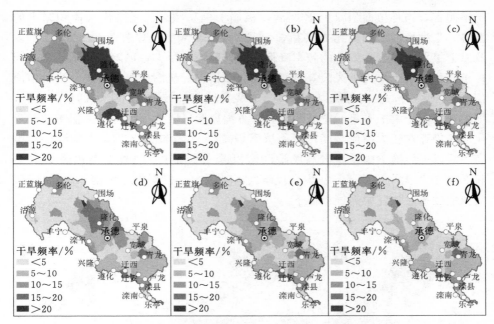

图 7.3 不同种植规模下严重干旱发生频率

注：（a）表示无调控措施；（b）～（f）表示调控区指定作物种植

面积依次减少 10%、20%、30%、40%和 50%，下同。

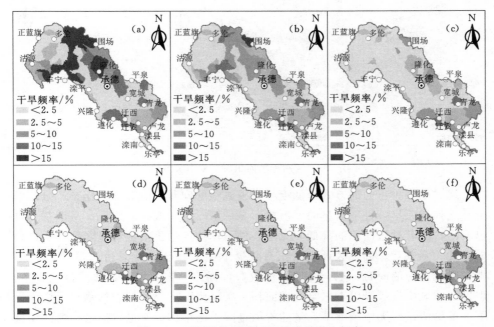

图 7.4 不同种植规模下极端干旱发生频率

干旱而言，当种植面积减少 10％后，极端干旱高频区已呈现出大面积减少的态势，当种植面积减少到 20％后，流域极端干旱频率已普遍在 5％以下。严重及以上级别干旱事件发生的频率降低会降低区域干旱灾害风险，图 7.5 为不同种植面积下，干旱灾害风险等级的空间分布情况。从图中可以看出，当种植面积减少 10％后，中高等级以上风险区有较为明显地减少，如上游的沽源地区、围场地区和中游的平泉、宽城地区，部分高风险区转为低风险区，但承德和隆化地区仍存在较大高风险区；当种植面积减少 20％和 30％后，上游地区无中高等级以上风险，中游地区高风险区面积进一步减少；当种植面积减少 40％和 50％后，无高风险区，且中高风险区面积较少，仅集中在承德和隆化地区，其他地区风险均在中高等级以下。

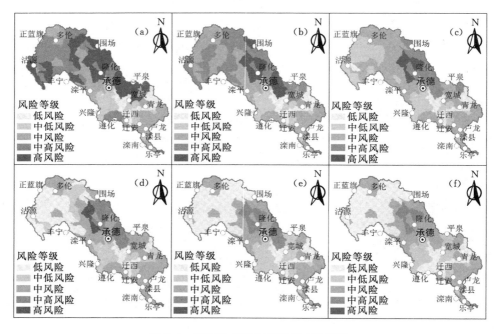

图 7.5　控制种植面积后干旱灾害风险

通过减少种植面的方式降低干旱灾害风险的同时，也会降低作物产量总值量 [此处指无旱条件下产量的价值量，参见第 5 章中式 (5.24)]。从图 7.6 可以看出，随着种植面积的降低，无旱条件下作物产量价值量明显降低，从近似的线性关系来看，调控区种植面积每减少 10％，作物产量总价值量减少 7％。即在降低风险的同时，也会降低经济效益，因此，需规划出合适的调控方案，即保证区域中高等级以上风险区域面积有所减少，也要确保农作物在干旱背景下产量价值量（无旱条件下产量的价值量减去干旱作物产量价值量损失的期望

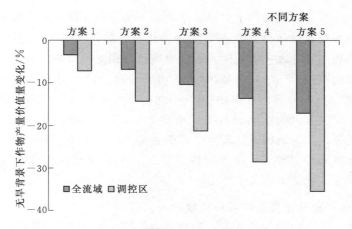

图 7.6　不同种植规模下作物产量价值量

注：图中方案 1～5 详见表 7.1。

值）保持不变或所有增加。

图 7.7 为不同种植规模下中高等级以上风险区的面积、调控区/全流域干旱背景下作物产量价值量的变化。随着种植面积的减少，中高等级以上风险区面积呈现出减少的趋势，而调控区/全流域干旱背景下作物产量价值量则呈现出先增后减的趋势。总体来看，当调控区种植面积减少 20％时，干旱背景下作物产量价值量较一次评价略有所提高，在调控区作物产量价值量约增加 2％，且中高等级以上风险区的面积大幅减少，全流域中高等级以上风险区的面积减少约 65％。

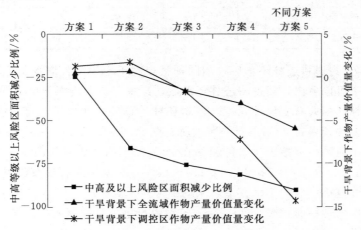

图 7.7　干旱背景下作物产量价值量相对于
调控前的变化（第一类调控方案）

注：图中方案 1～5 详见表 7.1。

在上述方案分析的基础上，以干旱背景下各分区作物产量价值量最大为原则，对不同种植规模调整方案进行筛选并组合，如图 7.8（a）所示。从图中可看出，上游围场、丰宁等地区，春小麦种植面积的减少幅度可适当加大，当春小麦种植面积减少 30％～40％时，作物产量总价值量会有所增加，而在中游左岸地区，玉米种植面积减少 10％～20％即可。在最优组合方案下，可得到对应的干旱灾害风险空间分布图［见图 7.8（b）］。相对于一次干旱灾害风险评估的结果，滦河流域高风险区范围明显减少，仅集中在隆化地区；中高等级以上风险区面积相对于一次评价减少了 31.3％，调控区作物产量总价值量相对于一次评价增加了 3.3％。

### 7.3.2.2　退耕还林还草后控制种植规模

根据 7.3.1 节中设计的方案，退耕还林还草后，耕地面积相对于 2014 年土地利用中的耕地面积会减少 6％，上游草地面积增加 3.4％，中游林地面积增加 0.7％。退耕还林和退耕还草的区域如图 7.9 所示。利用本书所构建的 SWAT 模型模拟退耕还林还草方案下，滦河流域 2020—2050 年的水文过程，主要水文分量多年平均值见表 7.2。由表可知，在不适宜耕作地区实施退耕还林还草，使流域地表径流、地下径流和降水入渗有所降低，但由于在退耕还林还草方案中，林草地虽有所恢复，但面积变化不显著，因此各水文分量的变化并不明显，对干旱灾害风险的主要影响源于需水量的变化。

表 7.2　　　　退耕还林还草前后流域主要水文分量的多年平均值

| 情景 | 地表径流 /mm | 壤中流 /mm | 地下径流 /mm | 降水入渗 /mm | 蒸散 /mm |
|---|---|---|---|---|---|
| 退耕还林还草前 | 30.3 | 33.0 | 19.9 | 34.4 | 469.5 |
| 退耕还林还草后 | 29.4 | 33.6 | 19.7 | 34.2 | 469.9 |

图 7.10 为退耕还林还草后，不同种植规模下干旱事件频率的空间分布情况。从图中可以看出，经退耕还林还草后，严重干旱和极端干旱事件发生频率较退耕还林还草前有明显地减少。退耕还林还草后，在中游承德和隆化地区，严重干旱事件频率在 20％以上的区域所有减少，见图 7.10（b）；在上游围场、多伦和丰宁地区，极端干旱事件频率在 20％以上的区域有所减少，见图 7.11（b）。图 7.10（c）～（f）和图 7.11（c）～（f）为在退耕还林还草的基础上，进一步控制种植规模后的干旱频率，从图中可知，对于严重干旱事件而言，当调控区指定作物种植面积减少 20％后，流域内严重干旱的频率普遍在 20％以下，当调控区指定作物种植面积减少 30％以上时，流域内严重干旱的频率普遍在 10％以下。对于极端干旱事件而言，当调控区指定作物种植面积减少 10％后，流域内极端干旱的频率普遍在 10％以下，当调控区指定作物种植面积减少 20％

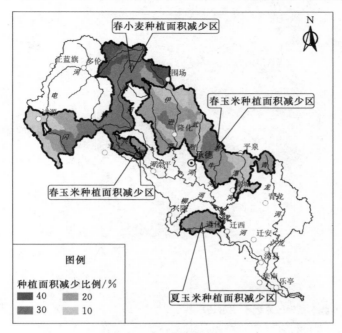

（a）最优调控方案

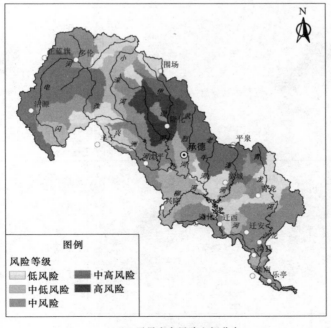

（b）干旱灾害风险空间分布

图 7.8 最优调控方案和最优方案下干旱灾害风险空间分布
（第一类调控方案）

图 7.9　退耕还林还草区域分布

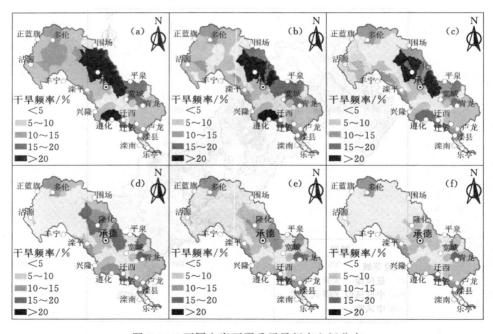

图 7.10　不同方案下严重干旱频率空间分布

注：(a) 表示无调控措施；(b) 表示退耕还林还草后；(c)~(f) 表示调控区
指定作物种植面积依次减少 10%、20%、30% 和 40%，下同。

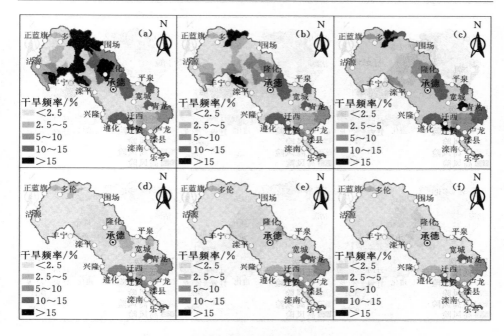

图 7.11 不同方案下极端干旱频率空间分布

以上时，流域内极端干旱的频率普遍在 5% 以下。

退耕还林还草后，上游和中游左岸高风险区的面积有所减少，如丰宁、沽源和围场等地区。在退耕还林还草的基础上，调控区指定作物种植面积减少 10% 时，上游丰宁、沽源和围场地区干旱灾害风险基本在中等风险等级以下，中游的宽城和平泉地区干旱灾害风险等级也由高风险降低为中高风险；当调控区指定作物种植面积减少 20% 时，全流域仅隆化南部地区风险等级为高风险；当调控区指定作物种植面积减少 30% 以上时，全流域干旱灾害风险普遍在中等风险等级以下，仅隆化和承德部分地区为中高风险（见图 7.12）。

在上述方案下，干旱背景下作物产量价值量的变化如图 7.13 所示。从图中可以看出，退耕还林还草后，调控区干旱背景下作物产量价值量相对于未调控前增加了 1.7%（方案 6），在退耕还林还草基础上，将调控区指定作物种植面积减少 10% 后，调控区干旱背景下作物产量价值量相对于未调控前增加 2.0%（方案 7），之后，随着种植面积的减少，干旱背景下作物产量价值量逐渐降低（方案 8～10）。对于中高等级以上风险区而言，仅在退耕还林还草措施下，其面积相对于未调控前减少了 23.8%（方案 6），进一步减少调控区指定作物种植面积后，其面积进一步降低，当种植面积减少 10% 时，中高等级以上风险区面积减少了 64.7%，但之后随着种植面积的减少，中高等级以上风险区面积减少趋势趋缓，当种植面积减少 40% 时（方案 10），基本无中高风

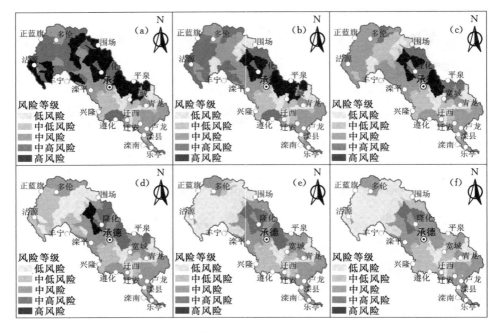

图 7.12　不同方案下干旱灾害风险空间分布

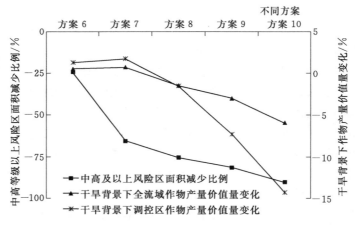

图 7.13　干旱背景下作物产量价值量相对于调控前的变化（第二类调控方案）

注：图中方案 6~7 详见表 7.1。

险等级以上区域。

　　同样以干旱背景下各分区作物产量价值量最大为原则，对方案 6~10 进行筛选并组合，如图 7.14（a）所示。在退耕还林还草措施的基础上，上游丰宁和沽源地区春小麦种植面积需减少 10%~20%，多伦地区春小麦种植规模调控力度相对较大，种植面积减幅为 30%，中游隆化、承德、平泉和宽城等地

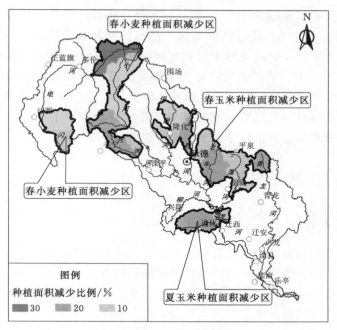

（a）最优方案下干旱灾害风险空间分布

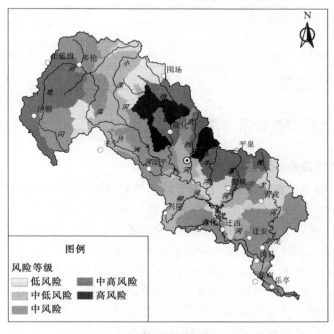

（b）第二类调控方案

图 7.14 最优调控方案

区春玉米种植面积需减少 10％～20％，下游遵化和迁西等地区夏玉米种植面积需减少 10％～20％。经过退耕还林还草和控制种植规模两类措施后，得到第二类调控方案下，滦河流域干旱灾害风险的空间分布情况，如图 7.14（b）所示。相对于一次干旱灾害风险评估结果，经退耕还林还草和控制种植规模后，滦河流域上游地区干旱灾害风险整体降低，中游左岸地区高风险区范围大幅缩减。中高等级以上风险区面积相对于一次评价减少了 39.5％，干旱背景下调控区作物产量总价值量相对于一次评价增加了 3.1％。

## 7.4 滦河流域干旱的三次风险评价

### 7.4.1 方案设计

三次调控的目的是通过工程措施和非工程措施，全面提高区域干旱灾害风险应对能力。本次研究主要以提高保灌田面积的方式对滦河流域干旱灾害风险进行三次调控，分别以"无高风险区"和"无中高等级以上风险区"为目标，与 7.3 节中二次调控方案进行正交组合，得到如下方案集（见表 7.3）。

表 7.3 三 次 调 控 方 案 集

| 二次调控 三次调控 | 控制种植规模 | 退耕还林还草＋控制种植规模 |
|---|---|---|
| 无高风险区 | 方案 11 | 方案 12 |
| 无中高等级以上风险区 | 方案 13 | 方案 14 |

### 7.4.2 三次风险评价及效果评价

#### 7.4.2.1 调控目标—无高风险区

图 7.15 为"无高风险区"目标下，干旱高风险区保灌田面积应达到的水平。其中图 7.15（a）和图 7.15（b）分别为方案 11 和方案 12 下调控区目标保灌田占比。从图中可以看出，经过二次调控后，干旱高风险区的范围较小，即三次调控的范围较小，主要集中在伊逊河流域，其中，在伊马吐河地区保灌田占比需达 0.4 以上。图 7.16 为保证无高风险目标下调控区保灌田增加面积，对比方案 11 和方案 12 可知，二次调控仅采用控制种植规模的方式，在三次调控中，若要达到"无高风险区"目标，调控区保灌田面积需增加 91.2km²；二次调控采用先退耕还林还草，再控制种植规模的方式，则三次调控中，调控区保灌田需增加 74.4km² 即可保证全流域无高风险区。

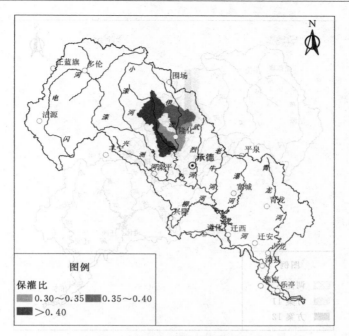

（a）二次调控中仅采用控制种植规模

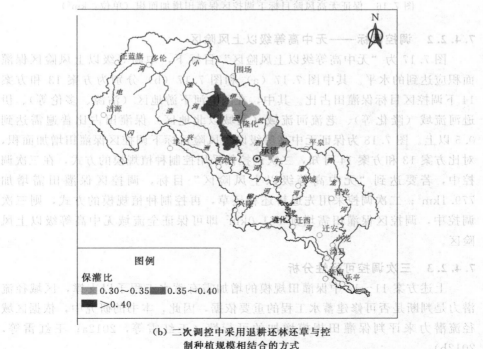

（b）二次调控中采用退耕还林还草与控
制种植规模相结合的方式

图 7.15 保证无高风险目标下调控区保灌田占比

187

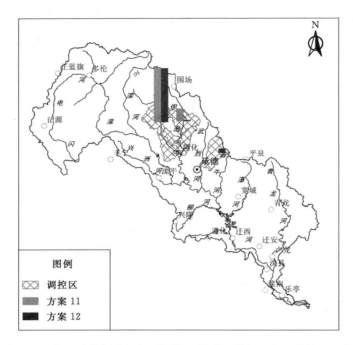

图 7.16 保证无高风险目标下调控区保灌田增加面积（单位：km²）

#### 7.4.2.2 调控目标——无中高等级以上风险区

图 7.17 为"无中高等级以上风险区"目标下，中高等级以上风险区保灌面积应达到的水平。其中图 7.17 (a) 和图 7.17 (b) 分别为方案 13 和方案 14 下调控区目标保灌田占比。其中，在闪电河下游地区（沽源、多伦等）、伊逊河流域（隆化等）、老流河流域（宽城以北地区）保灌田占比普遍需达到 0.5 以上。图 7.18 为保证无中高等级以上风险目标下调控区保灌田增加面积，对比方案 13 和方案 14 可知，二次调控仅采用控制种植规模的方式，在三次调控中，若要达到"无中高等级以上风险区"目标，调控区保灌田需增加 779.1km²；二次调控采用先退耕还林还草，再控制种植规模的方式，则三次调控中，调控区保灌田需增加 661.0km² 即可保证全流域无中高等级以上风险区。

#### 7.4.2.3 三次调控可行性分析

上述方案 11～14 中保灌田规模的增加需有蓄水工程予以支撑，区域径流潜力是判断是否可修建蓄水工程的重要依据，因此，本书的研究中，依据区域径流潜力来评判保灌田规模增加的可行性（王红雷等，2012a；王红雷等，2012b）。

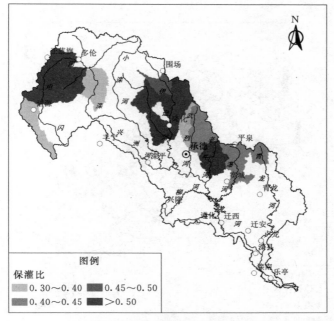

（a）二次调控中仅采用控制种植规模

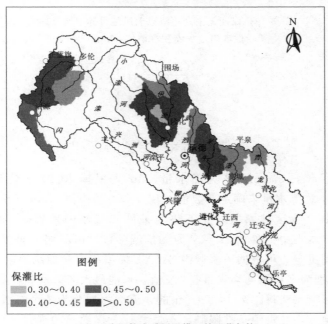

（b）二次调控中采用退耕还林还草与控
制种植规模相结合的方式

图 7.17　保证无中高等级以上风险目标下调控区保灌田占比

189

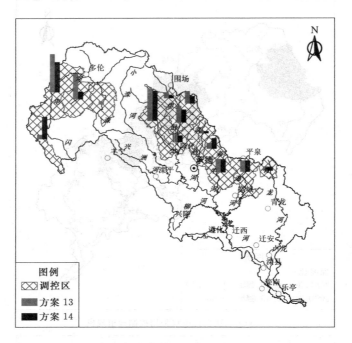

图 7.18    保证无中高等级以上风险目标下调控区
保灌田增加面积（单位：km²）

$$
\left.
\begin{aligned}
Q &= \frac{(P - I_a)^2}{P - I_a + S} \\
I_a &= \lambda S \\
S &= \frac{25400}{CN} - 254
\end{aligned}
\right\}
\tag{7.1}
$$

式中：$Q$ 为径流深，mm；$P$ 为降水量，mm，根据 RCP8.5 情景下 2020—2050 年多年平均降水量来确定其数值；$I_a$ 为降雨初损值，mm；$S$ 为可能最大滞留量，mm；$\lambda$ 为区域参数，受下垫面条件和气候因素影响，取值范围为 [0.1，0.3]，本书中 $\lambda$ 取 0.2；$CN$ 为无量纲参数，由前期土壤湿度、土地利用及土壤类型决定，可根据第 4 章中 SWAT 模型率定参数结果获取。图 7.19（a）～（d）分别为多年平均降水量、$CN$ 值、可能最大滞留量和径流潜力。

利用自然断点法将图 7.19（d）中的径流潜力划分为 3 个等级，认为径流潜力较低的地方，受资源条件限制，不适宜扩大保灌田的规模，如图 7.20 所示。从图中可看出，多伦地区、围场以南和隆化以北地区不适宜扩大保灌田的规模，根据上述分析对方案 11～14 进行调整，其结果如图 7.21 所示。

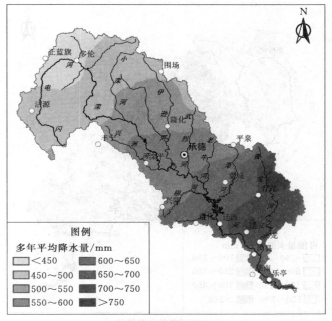

（a）多年平均降水量

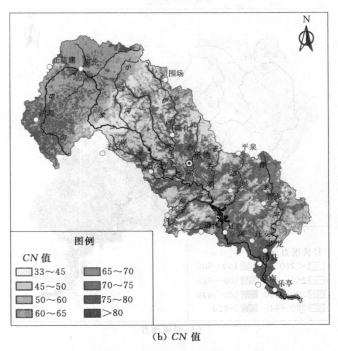

（b）CN 值

图 7.19（一） 径流潜力计算过程

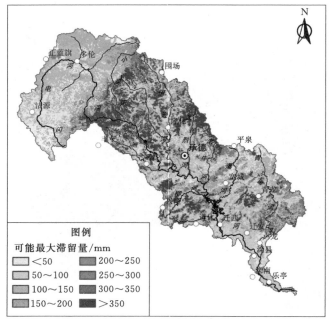

（c）可能最大滞留量

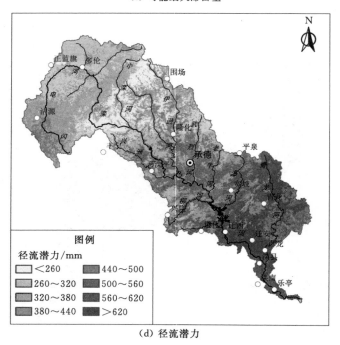

（d）径流潜力

图 7.19（二）　径流潜力计算过程

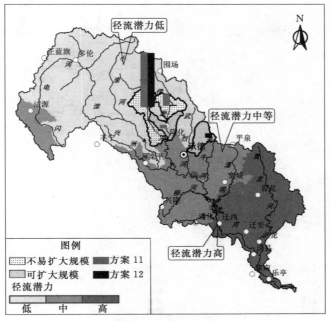

（a）以"无高风险区"为调控目标

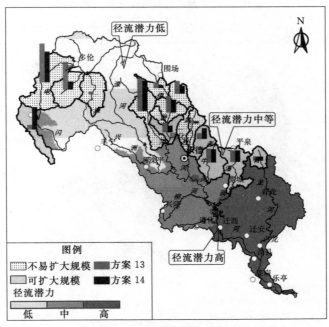

（b）以"无中高等级以上风险区"为调控目标

图 7.20  保灌田规模增加的可行性评价

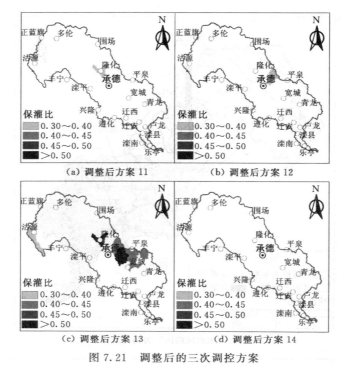

（a）调整后方案 11　　　　（b）调整后方案 12

（c）调整后方案 13　　　　（d）调整后方案 14

图 7.21　调整后的三次调控方案

从图 7.21 可看出，方案 11 和方案 12 中，需要调控的区域范围较小，因

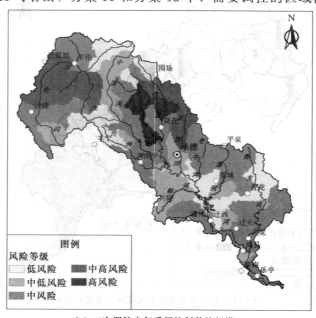

（a）二次调控中仅采用控制种植规模

图 7.22（一）　三次调控后干旱灾害风险

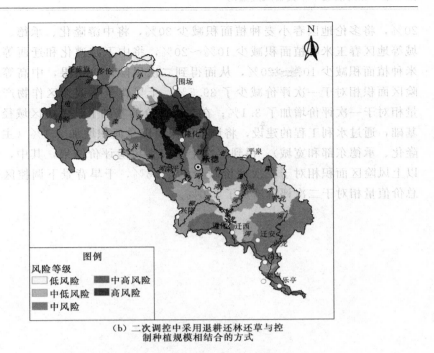

（b）二次调控中采用退耕还林还草与控
制种植规模相结合的方式

图 7.22（二）　三次调控后干旱灾害风险

此，仅分析方案 13 和方案 14 下的干旱灾害风险，其结果如图 7.22 所示。由
图 7.22（a）可知，若二次调控仅采用控制种植规模的方式，在三次调控中，
调控区保灌田需增加 11.3%，干旱背景下调控区作物产量价值量增加 5.9%，
流域中高等级以上风险区面积减少 58.5%；若二次调控采用先退耕还林还草，
再控制种植规模的方式，在三次调控中，调控区保灌田需增加 9.1%，干旱背
景下调控区作物产量价值量增加 6.3%，流域中高等级以上风险区面积减少
52.6%。综合分析可知，二次调控采用先退耕还林还草，再控制种植规模的方
式时，可降低三次调控的难度。

## 7.5　小结

　　本章依据滦河流域未来干旱灾害风险预估结果，基于三次评价理论提出流
域干旱灾害风险综合应对策略，结果表明：在充分暴露危险性的条件下，得到
一次干旱灾害风险评价结果，可发现滦河流域未来中高等级以上干旱灾害风险
区主要分布在上游和中游左岸地区，并将中高等级以上风险区作为调控区；在
一次干旱灾害风险评价的基础上，对地势和坡度相对不适宜农田开垦的地区实
现生态恢复，在此基础上，将上游丰宁和沽源地区春小麦种植面积减少 10%～

20%，将多伦地区春小麦种植面积减少 30%，将中游隆化、承德、平泉和宽城等地区春玉米种植面积减少 10%～20%，将中下游遵化和迁西等地区夏玉米种植面积减少 10%～20%，从而得到二次风险评价结果，中高等级以上风险区面积相对于一次评价减少了 39.5%，干旱背景下调控区作物产量总价值量相对于一次评价增加了 3.1%；在二次评价的基础上，考虑区域径流潜力的基础，通过水利工程的建设，将调控区保灌田总面积增加 9.1%（主要集中在隆化、承德东部和宽城），得到三次干旱灾害风险评价结果，其中，中高等级以上风险区面积相对于二次评价减少了 21.6%，干旱背景下调控区作物产量总价值量相对于二次评价增加了 3.0%。

# 第8章 结论与展望

## 8.1 主要结论

本书以滦河流域为靶区,基于分布式水文模拟和区域供需水特性,从水资源系统的角度评价滦河干旱事件及其强度、影响范围和频度的时空变化特征,并在此基础上,综合灾害风险形成的"四因子说"和灾损拟合,提出农业干旱灾害风险评价方法;基于统计分布特征,提出气候模式适用性评价方法,并结合农业干旱灾害风险评价方法和相对较优模式预估未来干旱灾害风险;根据未来干旱灾害风险预估结果,基于三次风险评价提出滦河流域干旱综合应对策略。主要结论如下:

(1) 滦河流域干旱时空变化规律。1973—2012 年期间滦河流域轻微和中度干旱面积波动上升:轻微和中度干旱面积增加速率分别为 311.1km²/10a 和 209.8km²/10a,且增加趋势通过了 $\alpha = 0.05$ 的显著性检验;严重和极端干旱面积略微下降:严重干旱面积和极端干旱面积减少速率分别为 21.4km²/10a 和 17.9km²/10a,但减少趋势并未达到显著水平。从年代变化来看,滦河流域干旱情势整体上表现出"增—减—增"的特征,其中,1981—1990 年和 2001—2012 年流域干旱形势较为严峻,多年平均干旱面积分别为 6624km² 和 7479km²,占流域总耕地面积的 60% 以上,约为其他年代的 1.3~1.4 倍。

滦河流域干旱事件主要集中在中游冀北山地丘陵区,如隆化、滦平、承德、宽城等。其中,轻微干旱多发生在承德的西南部和滦平等地区;中度干旱多发生在承德的东北部、隆化和宽城等地区;严重干旱多发生于围场和隆化等地区;极端干旱则集中在围场、多伦和沽源等地区。

滦河流域干旱事件以轻微干旱和中度干旱为主,其中,轻微干旱发生频率在 20% 以上和 30% 以上的区域约占全流域耕地面积的 61.5% 和 46.1%,中等干旱发生频率在 10% 以上和 20% 以上的区域约占全流域耕地面积的 76.8% 和 38.4%;而严重干旱和极端干旱发生频率相对较小。

(2) 滦河流域干旱灾害风险分布。滦河流域干旱灾害风险相对较高的地区主要位于上游的沽源、丰宁、多伦、围场;中游的隆化、承德和平泉;中游右岸地区和下游平原地区干旱灾害风险相对较低。流域内约有 65% 的耕地位于中等及以上干旱灾害风险区,其中,位于中风险区、中高风险区和高风险区的耕地面积分别占耕地总面积的 13.3%、36.4% 和 15.7%，滦河流域整体干旱灾害风险较大。

对比 1990 年前后干旱灾害风险变化发现，虽然位于高风险区的耕地面积占比由 28.6% 降低为 15.7%，但有 16.8% 的耕地由低风险或中低风险向更高一级的风险转变。全流域位于中等及以上风险区的耕地面积占比由 63.7% 提升至 77.8%。流域干旱风呈现出"高者降低，低者升高"的特点。通过对滦河流域 1990 年以后干旱灾害风险进行还原可知：土地利用或覆被变化导致约 30% 的耕地上干旱灾害风险等级增加 1 级，中高及以上等级风险区面积增加了 14.2%。但风险等级分布格局没有明显变化，干旱灾害风险较高地区仍位于上游和中游左岸。

（3）滦河流域未来干旱灾害风险预估。在未来预估时段，流域干旱灾害风险空间分布格局的总体特征与历史时段并不存在明显的差异，中上游地区干旱灾害风险等级较高，而下游地区干旱灾害风险等级相对较低，但各类干旱灾害风险区的面积却有所改变，主要表现在中风险区和高风险区的面积有所扩张，在中游左岸地区（承德以北）尤为明显，具体而言，在 RCP2.6、RCP4.5 和 RCP8.5 情景下，位于中风险区的耕地占总耕地面积的 18.2%、24.1% 和 29.2%，为 1996km²、2650km² 和 3203km²，分别是历史时段的 1.4 倍、1.8 倍和 2.1 倍；位于高风险区的耕地占总耕地面积的 32.6%、29.8% 和 33.8%，为 3576km²、3269km² 和 3711km²，分别是历史时段的 2.1 倍、1.9 倍和 2.2 倍；总体干旱灾害风险较历史时段更为严峻，在 RCP2.6、RCP4.5 和 RCP8.5 情景下，中等及以上干旱灾害风险区的面积较历史时段增加了 19.1%、21.8% 和 29.8%。

滦河流域中游地区干旱灾害风险等级普遍增加：在 RCP2.6、RCP4.5 和 RCP8.5 情景下，分别有 27.1%、28.0% 和 44.5% 的耕地干旱灾害风险等级增加了 1 个等级，有 11.8%、8.8% 和 4.5% 的耕地干旱灾害风险等级增加了 2～3 个等级，风险增加的地区主要分布在承德、隆化、滦平、遵化等地区；风险减少的耕地面积相对较小，仅占耕地总面积的 8.8%（RCP2.6）、6.4%（RCP4.5）和 4.1%（RCP8.5）；流域内约一半的耕地风险等级并没有发生变化，主要集中在上游地区和下游左岸地区。

（4）滦河流域未来干旱灾害风险应对策略。在充分暴露危险性的条件下，得到一次干旱灾害风险评价结果，可发现滦河流域未来中高等级及以上干旱灾害风险区主要分布在上游和中游左岸地区，并将中高等级以上风险区作为调控区。在一次干旱灾害风险评价的基础上，对地势和坡度相对不适宜农田开垦的地区实现生态恢复，并进一步对种植规模进行控制，具体而言，高程在 900～1100m 之间，且坡度大于 14° 的流域中游山地丘陵区耕地实施退耕还林；高程大于 1100m，且坡度大于 8°的上游坝上草原地区耕地实施退耕还草，之后，将上游丰宁和沽源地区春小麦种植面积减少 10%～20%，将多伦地区春小麦种植面积减少 30%，将中游隆化、承德、平泉和宽城等地区春玉米种植面积减少 10%～20%，将下游遵化和迁西等地区夏玉米种植面积减少 10%～20%，从而得到二次风险评价结果。相对于一次干旱灾害风险评估结果，经退耕还林还草和控制种植规模后，滦河流域上游地区干旱灾害风险整体降低，中游左岸地区高风险区范围大幅缩减。中高等级以上风险区面积相对于一次评价减少了 39.5%，干旱背景下调控区作物产量总价值量相对于一次评价增加了 3.1%。在二次评价的基础上，在考虑区域径流潜力的基础上，通过水利工程的建设，将调控区保灌田总面积增加 9.1%（主要集中在隆化、承德东部和宽城），得到三次干旱灾害风险评价结果，其中，中高等级以上风险区面积相对于二次评价减少了 21.6%，干旱背景下调控区作物产量总价值量相对于二次评价增加了 3.0%。

## 8.2 研究展望

气候变化背景下干旱灾害风险评价、预估与应对是当前研究中的热点问题之一，本书的研究基于供需水态势构建了干旱评价模型，从水资源系统的角度评价干旱，并在此基础上，结合灾害风险"四因子说"和灾损拟合，构建干旱灾害风险评估模型，对滦河流域历史干旱及干旱灾害风险的演变规律进行了识别，同时，以"概率分布吻合最优"为原则，构建了气候模式模拟效果评价模型，对气候模式进行优选以及对未来预估数据进行拼插，以相对最优的预估结果作为数据驱动，识别未来气候变化对干旱灾害风险的影响，并进一步基于干旱灾害风险三次评价提出综合应对策略，明晰干旱灾害风险应对的重点和需要承受风险的区域。但是受到数据资料、技术方法等因素的限制，仍然存在以下几方面的不足：

（1）人类活动对水文模型及干旱评价模型的影响。由于水利工程、人工取用水相关资料的限制，本书在构建滦河流域 SWAT 模型中，未考虑水库、灌溉等因素，模型校验过程中，是选用还原后的天然径流数据。虽然模拟结果能较好的反应水文过程，但在干旱评价中，位于引青灌区处（约为 305km²，占流域总面积的 0.68%）的结果会与实际略有差别。

（2）作物生长过程的模拟。本书中作物生育期的划定仅考虑积温单因素，虽然基于积温的生育期划分方法计算简单，且易于后续利用气候模式对未来典型农作物生育期进行预估，但未考虑其他因素（如水分条件、光照等）对作物生长发育的影响。因此，在后续研究中，可结合 SWAT 模型中作物生长模块或其他作物生长模拟模型（如 DASSTA、GOSSYM 等）对农作物的生长过程进行更为精细化的模拟。

（3）多套气候模式预估数据的降尺度、订正和集成。本书中所选用的 5 个气候模式数据由 ISI – MIP 所提供，考虑到该套数据已经过降尺度和订正，因此，本书的研究中仅对其进行了适用性评价。后续研究中，可增加模式个数，并对其进行降尺度、评价、订正和集成，从而更进一步提高未来干旱灾害风险预估的精度。

（4）干旱灾害风险应对。本书的研究中干旱灾害风险应对仅是针对典型的措施进行分析，后续中可进一步丰富应对方案，如控制人口规模和优化产业布局、提高耕地的耐旱能力、优化水利工程调度，同时，需进一步根据流域径流潜力，规划诸如蓄水池、拦水坝之类的雨水集蓄工程的位置。在此基础上，细化"五色"基础设施的建设方案。

# 参 考 文 献

包亮，宇振荣，门明新，等. 1：25 万土壤及地形数据库及指标体系研究 [J]. 农业工程
　　学报，2004，20（4）：259－264.

蔡永明，张科利，李双才. 不同粒径制间土壤质地资料的转换问题研究 [J]. 土壤学报，
　　2003，40（4）：511－517.

曹永强，李香云，马静，等. 基于可变模糊算法的大连市农业干旱灾害风险评价 [J]. 资
　　源科学，2011，33（5）：983－988.

曾思栋，夏军，杜鸿，等. 气候变化、土地利用/覆被变化及 $CO_2$ 浓度升高对滦河流域径
　　流的影响 [J]. 水科学进展，2014，25（1）：10－20.

陈家金，王加义，林晶，等. 基于信息扩散理论的东南沿海三省农业干旱灾害风险评估
　　[J]. 干旱地区农业研究，2010（6）：248－252.

陈俊勇. 对 SRTM3 和 GTOPO30 地形数据质量的评估 [J]. 武汉大学学报：信息科学版，
　　2005，30（11）：4－7.

陈晓艺，马晓群，孙秀邦. 安徽省冬小麦发育期农业干旱发生风险分析 [J]. 中国农业气
　　象，2008，29（4）：472－476.

陈云峰，高歌. 近 20 年我国气象灾害损失的初步分析 [J]. 气象，2010，36（2）：
　　76－80.

成福云，马建明，张伟兵. 澳大利亚国家干旱政策——保障生产力和应对风险的抗旱管理
　　[J]. 防汛与抗旱，2003（3）：52－56.

程乾生. 属性识别理论模型及其应用 [J]. 北京大学学报（自然科学版），1997，33（1）：
　　12－20.

程志刚，刘晓东，范广洲，等. 21 世纪青藏高原气候时空变化评估 [J]. 干旱区研究，
　　2011，28（4）：669－676.

仇亚琴. 水资源综合评价及水资源演变规律研究 [D]. 北京：中国水利水电科学研究
　　院，2006.

丁裕国，江志红. 极端气候研究方法导论（诊断及模拟与预测）[M]. 北京：气象出版
　　社，2009.

范丽军，符淙斌，陈德亮. 统计降尺度法对未来区域气候变化情景预估的研究进展 [J].
　　地球科学进展，2005，20（3）：320－329.

冯锦明，符淙斌. 不同区域气候模式对中国地区温度和降水的长期模拟比较 [J]. 大气科
　　学，2007，31（5）：805－814.

冯利平. 小麦生长发育模拟模型（WheatSM）的研究 [D]. 南京：南京农业大学，1995.

高永刚，顾红，姬菊枝，等. 近 43 年来黑龙江气候变化对农作物产量影响的模拟研究
　　[J]. 应用气象学报，2007，18（4）：532－538.

顾颖，刘静楠，薛丽. 农业干旱预警中风险分析技术的应用研究 [J]. 水利水电技术，
　　2007，38（4）：61－64.

顾颖. 风险管理是干旱管理的发展趋势 [J]. 水科学进展，2006，17（2）：295-298.

郭凤台. 土壤水库及其调控 [J]. 华北水利水电学院学报，1996，17（2）：72-80.

国家防汛抗旱总指挥部，中华人民共和国水利部. 中国水旱灾害公报（2013）[M]. 北京：中国水利水电出版社，2014.

郝芳华. 流域非点源污染分布式模拟研究 [D]. 北京：北京师范大学环境学院，2003.

郝振纯，鞠琴，余钟波，等. IPCC AR4 气候模式对长江流域气温和降水的模拟性能评估及未来情景预估 [J]. 第四纪研究，2010，30（1）：127-137.

何永涛，李文华，李贵才，等. 黄土高原地区森林植被生态需水研究 [J]. 环境科学，2004，25（3）：35-39.

黄崇福，刘安林，王野. 灾害风险基本定义的探讨 [J]. 自然灾害学报，2010，19（6）：8-16.

黄崇福，张俊香，陈志芬，等. 自然灾害风险区划图的一个潜在发展方向 [J]. 自然灾害学报，2004，13（2）：9-15.

黄崇福. 自然灾害风险分析与管理 [M]. 北京：科学出版社，2012.

黄崇福. 自然灾害风险评价：理论与实践 [M]. 北京：科学出版社，2005.

黄金龙，苏布达，朱娴韵，等. CMIP5 多模式集合对南亚印度河流域气候变化的模拟与预估 [J]. 冰川冻土，2015，37（2）：297-307.

黄金龙，陶辉，苏布达，等. 塔里木河流域极端气候事件模拟与 RCP4.5 情景下的预估研究 [J]. 干旱区地理，2014，37（3）：490-498.

黄清华，张万昌. SWAT 分布式水文模型在黑河干流山区流域的改进与应用 [J]. 南京林业大学学报（自然科学版），2004，28（2）：22-26.

黄奕龙，陈利顶，傅伯杰，等. 黄土丘陵小流域植被生态用水评价 [J]. 水土保持学报，2005，19（2）：152-155.

贾慧聪，王静爱，潘东华，等. 基于 EPIC 模型的黄淮海夏玉米旱灾风险评价 [J]. 地理学报，2011，66（5）：643-652.

贾仰文，王浩，严登华. 黑河流域水循环系统的分布式模拟（Ⅰ）——模型开发与验证 [J]. 水利学报，2006，37（5）：534-542.

姜大膀，张颖，孙建奇. 中国地区 1～3℃ 变暖的集合预估分析 [J]. 科学通报，2009，（24）：3870-3877.

金菊良，魏一鸣. 改进的层次分析法及其在自然灾害风险识别中的应用 [J]. 自然灾害学报，2002，11（2）：20-24.

李炳元，潘保田，韩嘉福. 中国陆地基本地貌类型及其划分指标探讨 [J]. 第四纪研究，2008，28（4）：535-543.

李峰平，章光新，董李勤. 气候变化对水循环与水资源的影响研究综述 [J]. 地理科学，2013，33（4）：457-464.

刘昌明. 华北平原农业节水与水量调控 [J]. 地理研究，1989（3）：1-9.

刘彤，闫天池. 气象灾害损失与区域差异的实证分析 [J]. 自然灾害学报，2011，20（1）：84-91.

刘巍巍，安顺清，刘庚山，等. 帕默尔旱度模式的进一步修正 [J]. 应用气象学报，2004，15（2）：207-216.

刘晓英，林而达. 气候变化对华北地区主要作物需水量的影响 [J]. 水利学报，2004（2）：

77 – 87.

刘玉芬. 滦河流域水文、地质与经济概况分析 [J]. 河北民族师范学院学报，2012，32
　（2）：24 – 26.

吕娟. 我国干旱问题及干旱灾害管理思路转变 [J]. 中国水利，2013（8）：7 – 13.

马建琴，魏蕊. 我国与澳大利亚干旱管理政策的对比 [J]. 人民黄河，2011，33（8）：63 –
　65，69.

苗鸿，魏彦昌，姜立军，等. 生态用水及其核算方法 [J]. 生态学报，2003，23（6）：
　1156 – 1164.

闵庆文，何永涛，李文华，等. 基于农业气象学原理的林地生态需水量估算——以泾河流
　域为例 [J]. 生态学报，2004，24（10）：2130 – 2135.

潘学标，邓绍华. COTGROW：棉花生长发育模拟模型 [J]. 棉花学报，1996，8（4）：
　180 – 188.

秦大河. 气候变化科学与人类可持续发展 [J]. 地理科学进展，2014，33（7）：874 – 883.

秦越，徐翔宇，许凯，等. 农业干旱灾害风险模糊评价体系及其应用 [J]. 农业工程学报，
　2013，29（10）：83 – 91.

全国抗旱规划编制工作组，中华人民共和国水利部. 全国抗旱规划 [R]. 2011.

沈艳. 中国地面气温0.5×0.5格点数据集（V2.0）评估报告 [R]. 北京：国家气象信息
　中心，2012.

史培军. 三论灾害研究的理论与实践 [J]. 自然灾害学报，2002，11（3）：1 – 9.

孙宁，冯利平. 利用冬小麦作物生长模型对产量气候风险的评估 [J]. 农业工程学报，
　2005，21（2）：106 – 110.

孙世刚，李英杰，张建斌. 河北省山前平原粮食生产能力估算 [J]. 华北农学报，2009，
　24（S1）：344 – 348.

孙颖，丁一汇. 未来百年东亚夏季降水和季风预测的研究 [J]. 中国科学D辑：地球科学，
　2009，39（11）：1487 – 1504.

孙侦，贾绍凤，吕爱锋，等. IPCC AR5全球气候模式模拟的中国地区日平均降水精度评
　价 [J]. 地球信息科学学报，2016，18（2）：227 – 237.

孙振刚，张岚，段中德. 我国水库工程数量及分布 [J]. 中国水利，2013（7）：10 – 11.

陶辉，黄金龙，翟建青，等. 长江流域气候变化高分辨率模拟与RCP4.5情景下的预估
　[J]. 气候变化研究进展，2013，9（4）：246 – 251.

田建平，张俊栋. 滦河流域水资源可持续利用评价及对策 [J]. 南水北调与水利科技，
　2011，9（2）：56 – 59.

童成立，张文菊，汤阳，等. 逐日太阳辐射的模拟计算 [J]. 中国农业气象. 2005，26
　（3）：165 – 169.

王芳，梁瑞驹，杨小柳，等. 中国西北地区生态需水研究（1）——干旱半干旱地区生态需
　水理论分析 [J]. 自然资源学报，2002，17（1）：1 – 8.

王富强，霍风霖. 中长期水文预报方法研究综述 [J]. 人民黄河，2010，32（3）：25 – 28.

王改玲，王青杵，石生新. 山西省永定河流域林草植被生态需水研究 [J]. 自然资源学报，
　2013，28（10）：1743 – 1753.

王浩，秦大庸，陈晓军. 水资源评价准则及其计算口径 [J]. 水利水电技术，2004（2）：
　1 – 4.

王浩，杨贵羽，贾仰文，等. 土壤水资源的内涵及评价指标体系 [J]. 水利学报，2006，37（4）：389 - 394.

王浩. 综合应对中国干旱的几点思考 [J]. 中国水利，2010，8：4 - 6.

王红雷，王秀茹，王希，等. 采用 SCS - CN 水文模型和 GIS 确定雨水集蓄工程的位置 [J]. 农业工程学报. 2012，28（22）：108 - 114.

王红雷，王秀茹，王希. 利用 SCS - CN 方法估算流域可收集雨水资源量 [J]. 农业工程学报，2012，28（12）：86 - 91.

王积全，李维德. 基于信息扩散理论的干旱区农业旱灾风险分析——以甘肃省民勤县为例 [J]. 中国沙漠，2007，27（5）：826 - 830.

王佳津，孟耀斌，张朝，等. 云南省 Palmer 旱度模式的建立：2010 年干旱灾害特征分析 [J]. 自然灾害学报，2012，21（1）：190 - 197.

王劲峰. 中国自然灾害影响评价方法研究 [M]. 北京：中国科学技术出版社，1993.

王林，陈文. 误差订正空间分解法在中国的应用 [J]. 地球科学进展，2013，28（10）：1144 - 1153.

王绍武，罗勇，赵宗慈，等. 气候模式 [J]. 气候变化研究进展，2013，9（2）：150 - 154.

王艳玲. 区域干旱模糊综合评价研究 [D]. 济南：山东大学，2007.

王莺，李耀辉，赵福年，等. 基于信息扩散理论的甘肃省农业旱灾风险分析 [J]. 干旱气象，2013，31（1）：43 - 48.

王媛，方修琦，徐铮. 气候变化背景下"气候产量"计算方法的探讨 [J]. 自然资源学报，2004，19（4）：531 - 536.

卫捷，陶诗言，张庆云. Palmer 干旱指数在华北干旱分析中的应用 [J]. 地理学报，2003，58：91 - 99.

魏建波，赵文吉，关鸿亮，等. 基于 GIS 的区域干旱灾害风险区划研究——以武陵山片区为例 [J]. 灾害学，2015，30（1）：198 - 204.

温远光，刘世荣. 我国主要森林生态系统类型降水截留规律的数量分析 [J]. 林业科学，1995，31（4）：289 - 298.

翁白莎，严登华. 变化环境下中国干旱综合应对措施探讨 [J]. 资源科学，2010，32（2）：309 - 316.

吴迪，裴源生，赵勇，等. 基于区域气候模式的流域农业干旱成因分析 [J]. 水科学进展，2012，23（5）：599 - 608.

吴普特，赵西宁. 气候变化对中国农业用水和粮食生产的影响 [J]. 农业工程学报，2010，26（2）：1 - 6.

徐新创，葛全胜，郑景云，等. 区域农业干旱灾害风险评估研究 [J]. 地理科学进展，2011，30（7）：883.

许继军，杨大文. 基于分布式水文模拟的干旱评估预报模型研究 [J]. 水利学报，2010，41（6）：739 - 747.

薛晓萍，赵红，陈延玲，等. 山东棉花产量旱灾损失评估模型 [J]. 气象，1999（1）：26 - 30.

严登华，袁喆，杨志勇，等. 1961 年以来海河流域干旱时空变化特征分析 [J]. 水科学进展，2013，24（1）：34 - 41.

姚玉璧，张强，李耀辉，等．干旱灾害风险评估技术及其科学问题与展望［J］．资源科学，2013，35（9）：1884-1897.

袁喆，严登华，杨志勇，等．1961—2010 年 400mm 和 800mm 等雨量线时空变化．水科学进展，2014，25（4）：494-502.

张峰．川渝地区农业气象干旱灾害风险区划与损失评估研究［D］．浙江大学，2013.

张继权，刘兴朋，佟志军．草原火灾风险评价与分区［J］．地理研究，2007，26（4）：755-762.

张继权，严登华，王春乙，等．辽西北地区农业干旱灾害风险评价与风险区划研究［J］．防灾减灾工程学报，2012，32（3）：300-306.

张建云，王国庆，刘九夫，等．国内外关于气候变化对水的影响的研究进展［J］．人民长江，2009，40（8）：39-41.

张竟竟．基于信息扩散理论的河南省农业旱灾风险评估［J］．资源科学，2012，34（2）：280-286.

张蕾，霍治国，黄大鹏，等．海南瓜菜春季干旱灾害风险分析与区划［J］．生态学杂志，2014，33（9）：2518-2527.

张利平，李凌程，夏军，等．气候波动和人类活动对滦河流域径流变化的定量影响分析［J］．自然资源学报，2015，30（4）：664-672.

张强，潘学标，马柱国，等．干旱［M］．北京：气象出版社，2009.

张世法，顾颖，林锦．气候模式应用中的不确定性分析［J］．水科学进展，2010，21（4）：504-511.

张顺谦，侯美亭，王素艳．基于信息扩散和模糊评价方法的四川盆地气候干旱综合评价［J］．自然资源学报，2008，23（4）：713-723.

张翔，夏军，贾绍凤．干旱期水安全及其风险评价研究［J］．水利学报，2005，36（9）：1138-1142.

章龙飞，朱跃龙，李士进，等．基于降雨类型直方图分析的降雨站点相似性研究［J］．水文，2013，33（3）：10-17.

赵传君．风险经济学［M］．哈尔滨：黑龙江教育出版社，1989.

赵静，张继权，严登华，等．基于格网 GIS 的豫北地区干旱灾害风险区划［J］．灾害学，2012，27（1）：55-58.

赵煜飞．中国地面降水 0.5°×0.5°格点数据集（V2.0）评估报告［R］．北京：国家气象信息中心，2012.

郑菲，孙诚，李建平．从气候变化的新视角理解灾害风险、暴露度、脆弱性和恢复力［J］．气候变化研究进展，2012，8（2）：79-83.

郑远长．全球自然灾害概述［J］．中国减灾，2000，10（1）：14-19.

中华人民共和国水利部．全国抗旱规划［R］．2011.

周波涛．气候系统模式对 Hadley 环流的模拟和未来变化预估［J］．气候与环境研究，2012，17（3）：339-352.

朱娴韵，苏布达，黄金龙，等．云南气候变化高分辨率模拟与 RCP4.5 情景预估［J］．长江流域资源与环境，2015，24（3）：476-481.

朱显谟．重建土壤水库是黄土高原治本之道［J］．中国科学院院刊，2006（4）：320-324.

Allen M R, Ingram W J. Constraints on future changes in climate and the hydrologic cycle [J]. Nature, 2002, 419 (6903): 224 - 232.

Allen R G, Pereira L S, Dirk R et al. Crop evapotranspiration - Guidelines for computing crop water requirements [M]. FAO Irrigation and drainage paper 56. Rome, 1998.

Allen R G, Simith M, Perrier A, et al. An update for the definition of reference evapotranspiration [J]. ICID Bulletin, 1994, 43 (2): 1 - 34.

AMS. Statement on meteorological drought [J]. Bulletin American Meteorological Society, 2004, 85: 771 - 773.

Arnold J G, Williams J R, Srinivasan R et al. Large area hydrologic modeling and assessment part I: model development [J]. Journal of the American Water Resources Association, 1998, 34 (1): 73 - 89.

Baker D N, Lambert J R, McKinion J M. GOSSYM: A simulator of cotton crop growth and yield [A]. South Carolina Agricultural Experiment Station Technical Bulletin 1086Clemson University, Clemson, SC, USA, 1983.

Bamler R. The SRTM mission: A world - wide 30 m resolution DEM from SAR interferometry in 11 days [C]. Photogrammetric week. Berlin, Germany: Wichmann Verlag, 1999, 99: 145 - 154.

Braga A C F M, da Silva R M, Santos C A G, et al. Downscaling of a global climate model for estimation of runoff, sediment yield and dam storage: A case study of Pirapama basin, Brazil [J]. Journal of Hydrology, 2013, 498: 46 - 58.

Calder I R, Aylward B. Forest and floods: Moving to an evidence - based approach to watershed and integrated flood management [J]. Water International, 2006, 31 (1): 87 - 99.

Chang T J, Kleopa X A. A proposed method for drought monitoring [J]. Water Resources Bulletin. 1991, 27 (2): 275 - 281.

Chang T J, Stenson J R. Is it realistic to define a 100 - year drought for water management? [J]. JAWRA Journal of the American Water Resources Association. 1990, 26 (5): 823 - 829.

Charles S P, Bari M A, Kitsios A, et al. Effect of GCM bias on downscaled precipitation and runoff projections for the Serpentine catchment, Western Australia [J]. International Journal of Climatology, 2007, 27 (12): 1673 - 1690.

Chen H, Sun J. How the "best" models project the future precipitation change in China [J]. Advances in Atmospheric Sciences, 2009, 26: 773 - 782.

Chiew F H S, Kirono D G C, Kent D M, et al. Comparison of runoff modelled using rainfall from different downscaling methods for historical and future climates [J]. Journal of Hydrology, 2010, 387 (1): 10 - 23.

Clausen B, Pearson C P. Regional frequency analysis of annual maximum streamflow drought [J]. Journal of Hydrology, 1995, 173 (1): 111 - 130.

Cook E R, Anchukaitis K J, Buckley B M, et al. Asian Monsoon Failure and Megadrought During the Last Millennium [J]. Science, 2010, 328 (5977): 486 - 489.

Cooley D, Nychka D, Naveau P. Bayesian spatial modeling of extreme precipitation return levels [J]. Journal of the American Statistical Association, 2007, 102 (479): 824 - 840.

Dai A, Trenberth K E, Qian T. A global dataset of Palmer Drought Severity Index for 1870 – 2002: Relationship with soil moisture and effects of surface warming [J]. Journal of Hydrometeorology, 2004, 5 (6): 1117 – 1130.

Deyle R E, French S P, Olshansky R B, et al. Hazard Assessment: The Factual Bas is for Planning and Mitigation [A]. R. J. Burby. Cooperating with Nature: Confronting Natural Hazards with Land – Use Panning for Sustain Ale Communities [C]. Washington: Joseph Henry Press, 1998.

Diaz – Nieto J, Wilby R L. A comparison of statistical downscaling and climate change factor methods: impacts on low flows in the River Thames, United Kingdom [J]. Climatic Change, 2005, 69 (2 – 3): 245 – 268.

Donald A W. Drought and Water Crises: Science, Technology, and Management Issues [M]. USA: Taylor and Francis, 2005.

Downing T E, Butterfield R, Cohen S, et al. Vulnerability indices: climate change impacts and adaptation [M]. Nairobi: UNEP Press, 2001.

Dracup J A, Lee K S, Paulson E G. On the statistical characteristics of drought events [J]. Water Resources research. 1980, 16 (2): 289 – 296.

Eltahir E A B. Drought frequency analysis of annual rainfall series in central and western Sudan [J]. Hydrological sciences journal, 1992, 37 (3): 185 – 199.

Estrela M J, Peñarrocha D, Millán M. Multi – annual drought episodes in the Mediterranean (Valencia region) from 1950 – 1996. A spatio – temporal analysis [J]. International Journal of Climatology, 2000, 20 (13): 1599 – 1618.

FAO. Report of FAO – CRIDA Expert Group Consultation on Farming System and Best Practices for Drought – prone Areas of Asia and the Pacific Region. Food and Agricultural Organisation of United Nations. Published by Central Research Institute for Dryland Agriculture [R]. Hyderabad, India, 2002.

Frick D M, Bode D, Salas J D. Effect of drought on urban water supplies. I: Drought analysis [J]. Journal of Hydraulic Engineering, 1990, 116 (6): 733 – 753.

Gibbs W J. Drought, its definition, delineation and effects [C]. In Drought: Lectures Presented at the 26th Session of the WMO. Report No. 5. WMO, Geneva, 1975, 3 – 30.

Giorgi F, Mearns L O. Approaches to the simulation of regional climate change: A review [J]. Reviews of Geophysics, 1991, 29 (2): 191 – 216.

Gumbel E J. Statistical forecast of droughts [J]. Hydrological Sciences Journal, 1963, 8 (1): 5 – 23.

Hagemann S, Chen C, Haerter J O, et al. Impact of a statistical bias correction on the projected hydrological changes obtained from three GCMs and two hydrology models [J]. Journal of Hydrometeorology, 2011, 12 (4): 556 – 578.

Heim R R J. A review of twentieth – century drought indices used in the United States [J]. Bulletin of the American Meteorological Society, 2002, 83 (8): 1149 – 1165.

Hellstrom C, Chen D, Achberger C, et al. Comparison of climate change scenarios for Sweden based on statistical and dynamical downscaling of monthly precipitation [J]. Climate Research, 2001, 19 (1): 45 – 55.

Hevesi J A, Flint A L, Istok J D. Precipitation estimation in mountainous terrain using multivariate geostatistics. Part I: structural analysis [J]. Journal of Applied Meteorology, 1992, 31 (7): 661 - 676.

Hevesi J A, Flint A L, Istok J D. Precipitation estimation in mountainous terrain using multivariate geostatistics. Part II: Isohyetal maps [J]. Journal of Applied Meteorology, 1992, 31 (7): 677 - 688.

Hu Q S, Willson G D. Effects of temperature anomalies on the Palmer drought severity index in the central United States [J]. International Journal of Climatology, 2000, 20: 1899 - 1911.

Hurst N W. Risk Assessment: The Human Dimension [M]. Cambridge: The Royal Society of Chemistry, 1998.

Hutchinson M F. Interpolation of rainfall data with thin plate smoothing splines. Part I: Two dimensional smoothing of data with short range correlation [J]. Journal of Geographic Information and Decision Analysis, 1998, 2 (2): 139 - 151.

Hutchinson MF. Interpolation of rainfall data with thin plate smoothing splines. Part II: Analysis of topographic dependence [J]. Journal of Geographic Information and Decision Analysis, 1998, 2 (2): 152 - 167.

Inter - American Development Bank, Colombia University. Indicators of disaster risk and risk management program for Latin America and the Caribbean [R]. 2000.

IPCC. Climate change 2001: impacts, adaptation, and vulnerability: contribution of Working Group II to the third assessment report of the Intergovernmental Panel on Climate Change [M]. Cambridge University Press, 2001.

IPCC. Climate change 2013: the physical science basis. Contribution of Working Group I to the Fifth Assessment Report of the Intergovernmental Panel on Climate Change [M]. Cambridge University Press, 2013.

IPCC. Climate change 2014: impact, adaptation, and vulnerability. Contribution of Working Group II to the Fifth Assessment Report of the Intergovernmental Panel on Climate Change [M]. Cambridge University Press, 2014.

IPCC. Summary for Policymakers [M]. Cambridge: Cambridge University Press, 2012.

Knutson C, Hayes M, Phillips T. How to Reduce Drought Risk [M]. Wisconsin, Nebraska: Western Drought Coordination Council, 1998.

Larcher W. Physiological Plant Ecology [M]. 3rd edition. Berlin: Springer, 1995: 170 - 236.

Li H, Sheffield J, Wood E F. Bias correction of monthly precipitation and temperature fields from Intergovernmental Panel on Climate Change AR4 models using equidistant quantile matching [J]. Journal of Geophysical Research: Atmospheres, 2010, 115, D10101.

Liang E R, Shao X M, Liu H Y, et al. Tree - ring based PDSI reconstruction since AD 1842 in the Ortindag Sand Land, east Inner Mongoli a [J]. Chinese Science Bulletin, 2007, 52 (19): 2715 - 2721.

Linsley R K, Kohler M A, Paulhus J L H. Applied Hydrology [M]. McGraw Hill, New York, 1959.

Liu Y, Lee S K, Enfield D B, et al. Potential impact of climate change on the Intra – Americas Sea: Part – 1. A dynamic downscaling of the CMIP5 model projections [J]. Journal of Marine Systems, 2015, 148: 56 – 69.

Lu R, Fu Y. Intensification of East Asian summer rainfall interannual variability in the twenty – first century simulated by 12 CMIP3 coupled models [J]. Journal of Climate, 2010, 23 (12): 3316 – 3331.

Maraun D, Wetterhall F, Ireson A M, et al. Precipitation downscaling under climate change: Recent developments to bridge the gap between dynamical models and the end user [J]. Reviews of Geophysics, 2010, 48 (3): 1 – 34.

Maskrey A. Disaster mitigation: a community based approach [M]. Oxford: Oxfam, 1989.

Mason S J. Simulating climate over western North America using stochastic weather generators [J]. Climatic Change, 2004, 62 (1 – 3): 155 – 187.

Masui T, Matsumoto K, Hijioka Y, et al. An emission pathway for stabilization at 6 Wm – 2 radiative forcing [J]. Climatic Change, 2011, 109: 59 – 76.

Mearns L O, Bogardi I, Giorgi F, et al. Comparison of climate change scenarios generated from regional climate model experiments and statistical downscaling [J]. Journal of Geophysical Research: Atmospheres, 1999, 104 (D6): 6603 – 6621.

Mohan S, Rangacharya N C V. A modified method for drought identification [J]. Hydrological sciences journal, 1991, 36 (1): 11 – 21.

Moss R H, Edmonds J A, Hibbard K A, et al. The next generation of scenarios for climate change research and assessment [J]. Nature, 2010, 463 (7282): 747 – 756.

Motovilov Y G, Gottschalk L, Engeland K, et al. Validation of a distributed hydrological model against spatial observations [J]. Agricultural and Forest Meteorology, 1999, 98 – 99: 257 – 277.

Mpelasoka F S, Mullan A B, Heerdegen R G. New Zealand climate change information derived by multivariate statistical and artificial neural networks approaches [J]. International Journal of Climatology, 2001, 21 (11): 1415 – 1433.

Murphy J M, Sexton D M H, Barnett D N, et al. Quantification of modelling uncertainties in a large ensemble of climate change simulations [J]. Nature, 2004, 430 (7001): 768 – 772.

Murphy J. Predictions of climate change over Europe using statistical and dynamical downscaling techniques [J]. International Journal of Climatology, 2000, 20 (5): 489 – 501.

Nakicenovic N. Socioeconomic Driving Forces of Emissions Scenarios [J]. The Global Carbon Cycle: Integrating Humans, Climate, and the Natural World, 2004, 62: 225.

Nash J E, Sutcliffe J V. River Flow Forecasting Through Conceptual Models: Part I. A Discussion of Principles [J]. Journal of Hydrology, 1970, 10 (3): 282 – 290.

Neitsch S L, Arnold J G, Kiniry J R, et al. Soil and water assessment tool theoretical documentation, version. 2009 [R]. Texas Water Resources Institute, 2011.

Pal J S, Giorgi F, Bi X, et al. Regional climate modeling for the developing world: the ICTP RegCM3 and RegCNET [J]. Bulletin of the American Meteorological Society, 2007, 88 (9): 1395 – 1409.

Palmer W C. Meteorological drought [M]. Washington, DC, USA: US Department of Commerce, Weather Bureau, 1965.

Penning de Vries F W T, Jansen D M, ten Berge H FM, et al. Simulation of ecophysiological processes of growth in several annual crops [C]. Simulation Monographs, PUDOC, Wageningen, The Netherlands, 1989.

Petak W J, Atkisson A A. Natural hazard risk assessment and public policy: anticipating the unexpected [M]. New York: Springer - Verlag, 1982.

Piani C, Weedon G P, Best M, et al. Statistical bias correction of global simulated daily precipitation and temperature for the application of hydrological models [J]. Journal of Hydrology, 2010, 395 (3): 199 - 215.

Pons M R, San Martín D, Herrera S, et al. Snow trends in Northern Spain: analysis and simulation with statistical downscaling methods [J]. International Journal of Climatology, 2010, 30 (12): 1795 - 1806.

Riahi K, Rao S, Krey V, et al. RCP 8.5: A scenario of comparatively high greenhouse gas emissions [J]. Climatic Change, 2011, 109: 33 - 57.

Ritchie J T. Model for predicting evaporation from a row crop with incomplete cover [J]. Water resources research, 1972, 8 (5): 1204 - 1213.

Rosello M J P, Martinez J M V, Navarro B A. Vulnerability of human environment to risk: Case of groundwater contamination risk [J]. Environment International, 2009, 35 (2): 325 - 335.

Ikeda. S. Risk Analysis in Japan - ten Years of Sra Japan and a Research Agenda toward the 21st Century [A]. Beijing Normal University. Risk Research and Management in Asian Perspective: Proceedings of the First China - Japan Conference on Risk Assessment and Management [C]. Beijing: International Academic Publishers, 1998: 145 - 151.

Sailor D J, Li X. A semiempirical downscaling approach for predicting regional temperature impacts associated with climatic change [J]. Journal of Climate, 1999, 12 (1): 103 - 114.

Salathé E P. Comparison of various precipitation downscaling methods for the simulation of streamflow in a rainshadow river basin [J]. International Journal of Climatology, 2003, 23 (8): 887 - 901.

Santos M A. Regional droughts: a stochastic characterization [J]. Journal of Hydrology, 1983, 66 (1): 183 - 211.

Saxton K E, Rawls W J, Romberger J S, et al. Estimating generalized soil - water characteristics from texture [J]. Soil Science Society of America Journal, 1986, 50: 1301 - 1306.

Schneider S H. Encyclopaedia of Climate and Weather. Oxford University Press, New York, 1996.

Sen Z. Statistical analysis of hydrologic critical droughts [J]. Journal of the Hydraulics Division, 1980, 106 (1): 99 - 115.

Smith K. Environmental Hazards [M]. London: Routledge, 1996.

Tang C L, Piechota T C. Spatial and temporal soil moisture and drought variability in the Upper Colorado River Basin [J]. Journal of Hydrology, 2009, 379 (1 - 2): 122 - 135.

Taylor K E, Stouffer R J, Meehl G A. An overview of CMIP5 and the experiment design

[J]. Bulletin of the American Meteorological Society, 2012, 93 (4): 485 – 498.

Thomson A M, Calvin K V, Smith S J, et al. RCP4. 5: a pathway for stabilization of radiative forcing by 2100 [J]. Climatic Change, 2011, 109: 77 – 94.

Tobin G, Montz B E. Natural Hazards: Explanation and Integration [M]. New York: The Guilford Press, 1997.

Turner B L, Kasperson R E, Matson P A, et al. A framework for vulnerability analysis in sustainability science [J]. Proceedings of the national academy of sciences, 2003, 100 (14): 8074 – 8079.

UN Secretariat General. United Nations Convention to Combat Drought and Desertification in Countries Experiencing Serious Droughts and/or Desertification, Particularly in Africa [C]. Paris, 1994.

UN/ISDR (United Nations International Strategy for Disaster Reduction). Living with Risk, A Global Review of Disaster Reduction Initiatives [R]. Geneva: UN/ISDR, 2007.

United Nations. Risk awareness and assessment [C]. Living with Risk. ISDR, UN, WMO and Asian Disaster Reduction Centre, Geneva, 2002: 39 – 78.

Van Keulen H, Penning de Vries F W T, Drees E M. A summary model for crop growth [C]. In: Penning de Vries F W T, van Laar H H (eds. ), Simulation of plant growth and crop production. Simulation Monographs, PUDOC, Wageningen, The Netherlands, 1982.

Van Vuuren D P, Stehfest E, den Elzen M G J, et al. RCP2. 6: exploring the possibility to keep global mean temperature increase below 2℃ [J]. Climatic Change, 2011, 109: 95 – 116.

Viville D, Biron P, Granier A, et al. Interception in a mountainous declining spruce stand in the Strengbach catchment (Vosges, France) [J]. Journal of Hydrology, 1993, 144 (1 – 4): 273 – 282.

Vogel R M, Kroll C N. Regional geohydrologic – geomorphic relationships for the estimation of low – flow statistics [J]. Water Resources research. 1992, 28 (9): 2451 – 2458.

Wang W S, Jin J L, Ding J, et al. A new approach to water resources system assessment – set pair analysis method [J]. Sci China Ser E – Tech Sci, 2009, 52 (10): 3017 – 3023.

Warszawski L, Frieler K, Huber V, et al. The Inter – Sectoral Impact Model Intercomparison Project (ISI – MIP): Project framework [J]. Proceedings of the National Academy of Sciences, 2014, 111 (9): 3228 – 3232.

Wheater H S, Chandler R E, Onof C J, et al. Spatial – temporal rainfall modelling for flood risk estimation [J]. Stochastic Environmental Research and Risk Assessment, 2005, 19 (6): 403 – 416.

Wilby R L, Dawson C W, Barrow E M. SDSM—a decision support tool for the assessment of regional climate change impacts [J]. Environmental Modelling & Software, 2002, 17 (2): 145 – 157.

Wilby R L, Wigley T M L. Downscaling general circulation model output: a review of methods and limitations [J]. Progress in Physical Geography, 1997, 21 (4): 530 – 548.

Wilby R L, Wigley T M L. Precipitation predictors for downscaling: observed and general circulation model relationships [J]. International Journal of Climatology, 2000, 20 (6):

641 – 661.

Wilhite D A, Glantz M H. Understanding: the drought phenomenon: the role of definitions [J]. Water international, 1985, 10 (3): 111 – 120.

Wilhite D A, Hayes M J, Knutson C, et al. Planning for drought: Moving from crisis to risk Management [J]. Journal of the American Water Resources Association, 2000, 36 (4): 697 – 710.

Williams J, Nearing M, Nicks A, et al. Using soil erosion models for global change studies [J]. Journal of Soil and Water Conversion, 1996, 51 (5): 381 – 385.

Wilson R, Crouch E A C. Risk assessment and comparison: An introduction [J]. Science, 1987, 236 (4799): 267 – 270.

Wisner B. At Risk: Natural Hazards, People's Vulnerability and Disasters [M]. London: Routledge, 2000.

WMO. Report on Drought and Countries Affected by Drought During 1974 – 1985 [M]. WMO, Geneva, 1986.

Yates D, Gangopadhyay S, Rajagopalan B, et al. A technique for generating regional climate scenarios using a nearest – neighbor algorithm [J]. Water Resources Research, 2003, 39 (7): 1119.

Yin J, Xu Z, Yan D, et al. Simulation and projection of extreme climate events in China under RCP4. 5 scenario [J]. Arabian Journal of Geosciences, 2016, 9 (2): 1 – 9.

Yuan Z, Yan D, Yang Z, et al. Impacts of climate change on winter wheat water requirement in Haihe River Basin [J]. Mitigation and Adaptation Strategies for Global Change, 2016, 21: 1 – 21.

Yuan Z, Yang, Z, Yan D, et al. Historical changes and future projection of extreme precipitation in China [J]. Theoretical and Applied Climatology. 2015, DOI 10. 1007/s00704 – 015 – 1643 – 3.

Zecharias Y B, Brutsaert W. The influence of basin morphology on groundwater outflow [J]. Water Resources research. 1988, 24 (10): 1645 – 1650.

Zelenhasić E, Salvai A. A method of streamflow drought analysis [J]. Water Resources Research, 1987, 23 (1): 156 – 168.

Zhang Y, Sun J. Model projections of precipitation minus evaporation in China [J]. Acta Meteorologica Sinica, 2012, 26: 376 – 388.

Zorita E, Von Storch H. The analog method as a simple statistical downscaling technique: comparison with more complicated methods [J]. Journal of climate, 1999, 12 (8): 2474 – 2489.

# 书中部分彩图示意

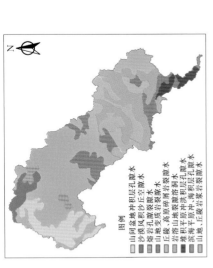

N
图例
山间盆地冲积层孔隙水
沙漠风积沙丘空隙水
熔岩孔隙裂隙水
山地变质岩裂隙水
丘陵、高原碎屑岩裂隙水
岩溶山地裂隙溶洞水
堆积平原冲洪积层孔隙水
滨海平原冲、海积层孔隙水
山地、丘陵岩浆岩裂隙水

图 3.2　滦河流域水文地质示意图

N
图例
冲积土
栗钙土
棕壤
潮土
灰色森林土
粗骨土
草甸土
褐土
风沙土
其他

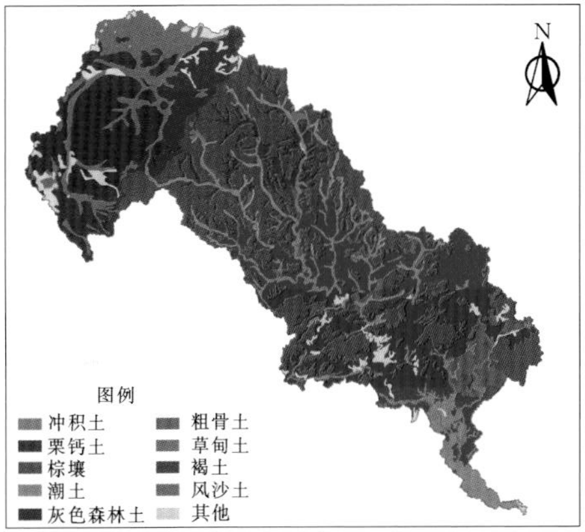

图 3.18　滦河流域土壤分布

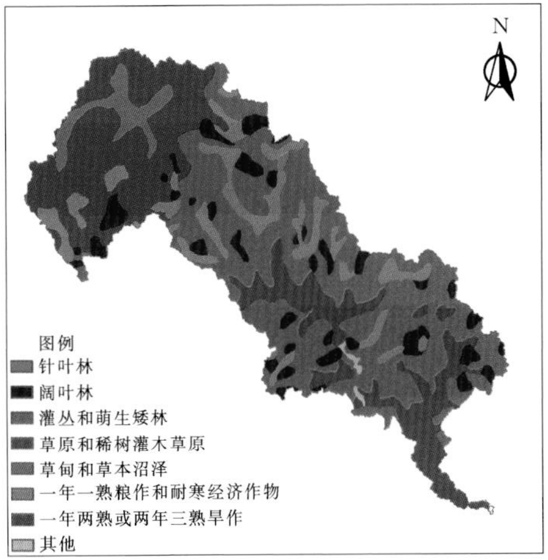

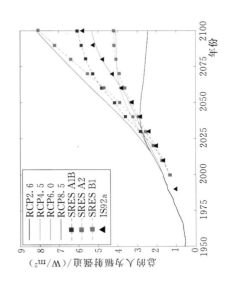

N
图例
针叶林
阔叶林
灌丛和萌生矮林
草原和稀树灌木草原
草甸和草本沼泽
一年一熟粮作和耐寒经济作物
一年两熟或两年三熟旱作
其他

图 3.21　滦河流域植被类型空间分布图

总的人为辐射强迫/(W/m²)
RCP2.6
RCP4.5
RCP6.0
RCP8.5
SRES A1B
SRES A2
SRES B1
IS92a
0
1
2
3
4
5
6
7
8
9
1950
1975
2000
2025
2050
2075
2100
年份

图 6.2　1950—2100 年历史和未来预估总的人为辐射强迫
（与工业化前 1765 年左右相比，取自 IPCC 第五次评估报告）

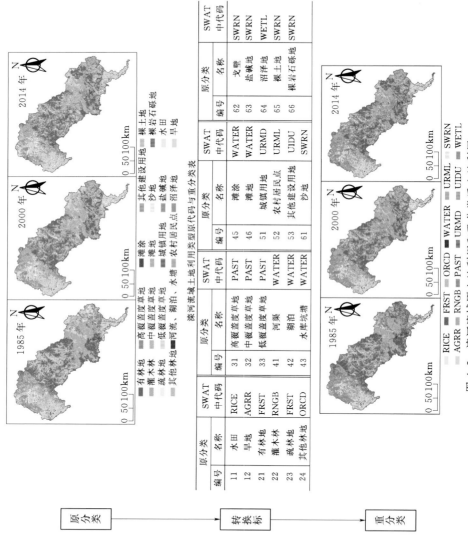

原分类 → 转换标 → 重分类

**滦河流域土地利用类型原代码与重分类表**

| 原分类 编号 | 名称 | SWAT中代码 | 原分类 编号 | 名称 | SWAT中代码 | 原分类 编号 | 名称 | SWAT中代码 |
|---|---|---|---|---|---|---|---|---|
| 11 | 水田 | RICE | 31 | 高覆盖度草地 | PAST | 45 | 滩涂 | WATER |
| 12 | 旱地 | AGRR | 32 | 中覆盖度草地 | PAST | 46 | 滩地 | WATER |
| 21 | 有林地 | FRST | 33 | 低覆盖度草地 | PAST | 51 | 城镇用地 | URMD |
| 22 | 灌木林地 | RNGB | 41 | 河渠 | WATER | 52 | 农村居民点 | URML |
| 23 | 疏林地 | FRST | 42 | 湖泊 | WATER | 53 | 其他建设用地 | UIDU |
| 24 | 其他林地 | ORCD | 43 | 水库坑塘 | WATER | 61 | 沙地 | SWRN |

| 原分类 编号 | 名称 | SWAT中代码 |
|---|---|---|
| 62 | 戈壁 | SWRN |
| 63 | 盐碱地 | SWRN |
| 64 | 沼泽地 | WETL |
| 65 | 裸土地 | SWRN |
| 66 | 裸岩石砾地 | SWRN |

图 4.5 滦河流域原土地利用和重分类后土地利用